阿涌叔叔（朱涌） 周雨 著

You Can Do It

你可以的

阿 涌 叔 叔 职 场 心 灵 密 语

上海远东出版社

图书在版编目(CIP)数据

你可以的：阿涌叔叔职场心灵密语/阿涌叔叔,周雨著.—上海：
上海远东出版社,2020
ISBN 978 - 7 - 5476 - 1596 - 6

Ⅰ.①你… Ⅱ.①阿…②周… Ⅲ.①成功心理–通俗读物
Ⅳ.①B848.4 - 49

中国版本图书馆 CIP 数据核字(2020)第 071882 号

策　　　划	徐婧华
责任编辑	徐婧华
封面设计	朴同设计
美术编辑	李　廉

你可以的
——阿涌叔叔职场心灵密语

阿涌叔叔(朱涌)　　周　雨　著

出　　版　上海远东出版社
　　　　　　(200235　中国上海市钦州南路 81 号)
发　　行　上海人民出版社发行中心
印　　刷　上海锦佳印刷有限公司
开　　本　890×1240　1/32
印　　张　10.875
插　　页　1
字　　数　241,000
版　　次　2020 年 8 月第 1 版
印　　次　2020 年 8 月第 1 次印刷
ISBN 978 - 7 - 5476 - 1596 - 6/G · 1033
定　　价　42.00 元

目 录

序　言

　　阿涌叔叔的职场新作《你可以的》，是一本能让人打起精神、燃起希望的书。

　　语言是有重量的，你也许未曾料想言语对于另一个体会有何种作用。恶毒的诅咒能让人一整天萎靡不振，一句无心之言可能让人终生难忘。"你可以的！"这四个字很轻，但又很重，也许能点亮人的一天，甚至照亮人的一生。

　　"你可以的！"可以是一位朋友的鼓励，也可以是一位长者的劝诫。本书的作者阿涌叔叔在我心中就是这样的存在。年少时，他亦师亦友，为我打开了一个书本以外的世界。他从不营造虚无的象牙塔，也未曾因为我是个孩子，而给予盲目的庇护。相反，他教给找的第一堂课，便是真实。

　　他让我自己走进真实的世界，从而让我体验到了被拒绝、被质疑，却也感受到了善意与温暖，懂得了执行力与责任感是多么重要。这些孩童时代并不懂得的东西，在我日后求职生涯中却成了比他人更容易适应职场，更加迅速地反应、更得体地处理问题的法宝。

　　年少时，人与人的善意发乎本心，仿佛孟子那句"人性本善"就道尽了人生前行的方向。长大后我们却在现实里因为各种"这与那"，越来越信奉荀子的"人性本恶"与"事功精神"。处事模式也渐渐地由"世界和平"这种大同思想转化成了零和博弈。我们悄悄藏起了善意，仿佛善意会让自己脆弱；我们穿上坚硬的甲壳，在如战场般的职场奋勇拼杀。刚入职的你我他被同事甲欺压，被同事乙利用，被同事丙挤兑，被同事丁拉着站队。然后慢慢地我们变得强大，适应了"丛林"的我们把最功利的外衣披上，把最厚黑的面具戴上，成为了办公室里新的甲乙丙丁。

尼采说过："当你凝视深渊的时候，深渊也在凝视你。"屠龙的勇者无奈地长出了尾巴与尖爪，等待狩猎下一个勇士。这种赤裸裸的适者生存，在 2020 年的如今，依旧在很多公司、机构、单位默默流行着，你似乎无法改变，只有逆来顺受。一切的不如意在白天被冷藏，又在夜晚被揭开。你听着网上的童话故事默默流泪，希冀着有一天幸运之门也朝你打开，让你沉溺在世界的爱意里。但你可知道，你也是别人的春风，你的一个微笑、一个鼓励也许就是崭新开始的信号。

《双城记》的开头说："这是最好的时代，这是最坏的时代"，这句话在这个宣扬个性的互联网时代显得尤为真实。职场的定义在更迭，职场的边界在糊化，职场的规则在改变。在工业 4.0 的背景下，甚至职员都在被机器、智能、算法取代。小人物成功的故事如雨后春笋，新兴行业有的甚至还没有成长便已成熟；而貌似成功的、成熟的过往，在新事物、新思路面前被摧枯拉朽。

"80 后"经历的迷茫，"90 后"又重新体验了一遍，如今"00 后"成为迈入社会的主力，他们的迷茫只会更多，更大。

书本上教会你的，也许吃了大亏才会想起；父母嘴上说的，也只有被现实砸倒才会再次回想。格物致知，知行合一，知易却行难。我曾在阿涌叔叔组织的一场讲演会上倡导过，犯错是最好的老师，甚至越早犯错越好。积跬步以至千里，常修小错才能日后不犯大错。而尽小者大，慎微者著，把每件小事都琢磨明白了，未来的道路也会越来越平坦。

《你可以的》这本书里，是无数个小人物的职场故事，不仅有初入职场的困惑与迷茫，也有职场精英遇到瓶颈的无所适从。我从中看到了自己曾经栽过的跟头，也会用一个过来人的眼光看书中主人公跌倒，不得不感叹一句"如果我们能早一点知道"。

若一个人在职场的成长只能在毕业进入社会后才开始，那么试错成本未免太高。教学问的老师可能无暇给我们上一堂有效的职场课，但像《你可以的》这样的书，或许能够提前给予青涩的职场新人一点指导。当遇到困难、不解，感到失望、迷茫时，不要害怕，来看看书里那些和你有相似感受的人吧，或许他们的经历，就是我们过去、正在、未来遇到的；看看阿涌叔叔的解答，真诚、质朴而有力的建议或许能够帮助你在职场一路打怪升级，找到最合适自己的路。

我们相信你可以的。

新加坡国立大学 **黄 锐** 博士

黄锐，生于江苏省南通市，曾多年接受阿涌叔叔倡导的体验式教育，曾担任江海少年通讯社首任社长、总编。

站
稳职场，
　　创造自己的"被需要"

被需要，有多重要

　　阿涌叔叔最近面试了两位应聘者，恰巧的是两人之前是同事，近期都有意向从之前的单位辞职，但是她们在面试过程中展现出截然不同的态度。阿涌叔叔忍俊不禁的同时，对应聘者及招聘者有了一些新的感悟。

　　第一个应聘者小吴，工作一年，学的是教育专业，毕业后在一家私立幼儿园工作。她想换工作的原因在于前单位没有活力，遏制员工的创造性，且有很多不人性化的规定，用她的原话说是："我有一颗教书育人的心，却做着保姆一样的工作。"所以她毅然辞职，找了小半个月才看到"江苏天少"的招聘，便决定来面试。

　　在参观了解了江苏大少有限公司的各项主营业务、部门构成、运营方式之后，小吴表现出了强烈的兴趣。她表示愿意接受阿涌叔叔接下来奇特甚至有些严苛的测验，来争取在这里工作的机会。

　　另一位面试者小许，是三天后来面试的，由于看到简历上和小吴相同的工作经验,出于好奇,阿涌叔叔询问了两人之间的关系。在问到辞职理由的时候,小许说原工作单位离家太远,工资也不高,上级还喜欢打压人,所以她想换工作。

听到这番回答的时候,阿涌叔叔已经了解到她不适合"江苏天少"的工作。但看着小许青涩懵懂的样子,他还是想深入了解一下这个孩子,给彼此一个机会。

在交谈中,阿涌叔叔了解到小许没有多少教育行业的经验,去幼儿园工作也纯属偶然,因为父母觉得女孩子做老师比较稳定。小许在几次改行中,也觉得自己的性格更适合从事老师一类的工作,于是便有了这次求职经历。

"我什么都能做,你们这儿很新颖很有趣,环境也挺适合我的。"当小许说出这句话之后,阿涌叔叔终于忍不住说道:"但你不适合我们!"

或许没听过这么直白的拒绝,小许有点儿吓懵了。阿涌叔叔也没客气,说道:"整个面试下来,你都在强调自己需要什么,你需要我们这儿的环境、平台,但你没有站在我们公司的角度,想想我们需要怎样的人才。不去想你有哪些优势特点来匹配我们,那我们又凭什么要招你呢?"

"可你们不是缺人吗,而且有入岗培训啊,不会我可以学啊!"

"我们的确在招人,但不代表什么人都需要,我想大部分企业招人的原则都是宁缺毋滥。我们愿意提供学习的机会,但是机会只给要的人,机会只给对机会负责任的人,你不愿意主动学习、充实自己,我们何必花那么多精力在你身上呢?"

"小吴毕业才一年,工作时间还没有我长,你为什么让她准备复试?"小许不甘心地问道。

"因为她知道自己要什么，她喜欢教育这个行业，或许她会换工作地点、工作单位，但她的目的至少现在是明确的，不会因为家里距离远，就不工作了。她现在年轻气盛，有很多东西不懂，也有很多不足，但她对目标的坚定，对孩子的喜欢，对这份事业的真诚，是我们公司需要的，所以即便她工作经验尚浅，我也愿意给她这个机会。"

　　"而你在意的是工资、离家距离、环境，是否稳定和体面，没有哪个单位是你绝对需要的，也没有哪份工作是你绝对需要的，换言之，你对公司和工作岗位的忠诚度并不高。同样的，抛开你的能力不谈，你这种犹疑的、不愿意付出的性格，没有哪个公司敢要你。不被人需要，到哪里都待不长久！"

阿涌叔叔相信你可以的——

　　"需要"与"被需要"是职场永恒的话题，也是生活中必不可少的相处之道。你所追求的是否被认可、被尊重、被肯定，本质源于你是否被需要。你想要在一个公司、一个行业站稳脚跟，就必须做到"被需要"，被同事需要、被领导需要、被客户需要，都是你能力和价值的体现。反之，一旦不被需要，意味着你很容易被替代和替换。那么一旦出现这个问题，你首先需要做的就是反省自己，如何提升自己，让自己被需要。

长得不好看就找不到好工作吗

这已经是阿莲换的第五家公司,她待过的最久的一家也就半年。看着女儿这样下去不是办法,阿莲的妈妈很着急又不知道原因,就把阿莲带到了阿涌叔叔那儿,想问问有没有解决的办法。

几句话聊下来,阿涌叔叔便发现这个女孩有些拘谨,讲话声音很小,且不连贯,但轻轻柔柔的,没什么攻击性,平时应该是很容易埋没在人群里的一类人。

看女儿不开口,一旁的母亲急了,数落道:"这丫头太闷了,一点儿也不活络,怪不得在公司吃不开,还一点点委屈都忍不了,干什么都干不久!"

看着阿莲木然的样子,阿涌叔叔总觉得她频繁离职的原因不是母亲说的这样,便找了个理由,支开了母亲,单独和女孩攀谈了起来。

"阿涌叔叔,是不是不好看的女孩子到哪儿都不被待见?"阿莲冷不丁的这么一句话让阿涌叔叔开始审视眼前这个女孩,五官扁平，眼角耷拉着，看着很没精神，脸上还有些雀斑，身材也有些过胖，确实算不上好看的类型。

"我知道我难看，以前在学校里就被嘲笑，出了社会也一样的，要不就是没人关注我，偶尔提起我都是奚落和嘲笑。我去健身，他们说我瘦下来也是水桶。第一次化妆去上班就被人笑，也没人愿意和我玩。她们几个好看的同事总是围在一起，我想讨好她们也根本没机会。不管换几家公司，似乎都是一样的遭遇。同事这样，领导这样，客户还这样，之前我一直电话沟通的客户，来我们公司的时候，直接指着我同事说他以为跟他联系的是她……"

"所以，长得不好看，注定吃亏，是吗？"

"从你刚刚的话中能了解，你是希望自己变得更好的，但你把别人的眼光和想法看得太重，你想要变得更好，不应该只是为了取悦别人，而是为了你自己。如果能转变你的思维方式，相信不管是健身还是化妆，你都更有动力能坚持下去，而这是你可以通过努力改善的部分。"

"再来说说你无法改变的部分，也许你做了以上能做的事情之后，依然不是传统意义上的美女，那么这时候你还能做什么？你问我，'长得不好看，是不是注定吃亏'，基本上是的，人都喜欢美好的事物，看脸这件事是大部分人的共性，好看的人总是能相对来说吸引更多的目光，甚至得到更多'特权'。难道你不会对好看的人心动吗？"

"会，但是……"

"但还是觉得委屈，觉得不公平是不是？"阿涌叔叔猜出了阿莲心中所想，转而问道："前几次工作都是你主动辞职的？"

"是的。"

"公司没有挽留的意思?"

"没。"

"你真的觉得你几次辞职下来,公司完全没有挽留,只是因为相貌的原因吗?"

"难道不是吗?"阿莲有点儿吃惊,又有点儿不甘。

"其实是因为你没被企业需要,你的工作能轻易被别人取代,你的存在感太弱,所以没人挽留你。对于领导来说,一个能做事的员工,能为公司创造业绩的员工,就是有价值的、被需要的员工。在这种充满竞争的环境下,人才就是核心竞争力,哪个公司会傻到因为长相而放弃一个人才。所以显然,你目前还没做出过什么成绩,让你的公司觉得非你不可。"

"我不是头脑特别聪明的人,但我做事情很细致,他们有时候出错都是我核对出来的,或者负责善后,这不算优点吗?"阿莲争辩道。

"的确是你的优点,可是对于一个企业来说,或是对于你的职位、你的部门来说,还远远不够。你的长处除了需要保持,更需要放大。在一个岗位上,如果你已经意识到自己先天的竞争力不强,那你就应该挖空心思去发掘自己还能多做点儿什么,还能做好些什么。"

"职场既然进来了,你就要接受,你可以不甘心、不舒服,但你不能破罐子破摔,也不用拿自己跟别人比,别人有的优势你羡慕不来,你缺的,只能在别处加倍努力赶上来。"

阿涌叔叔相信你可以的——

通过对比调查数据发现，有38％的受访者会凭网络头像确定对陌生人的第一印象。18 岁到 65 岁的受访者中，年龄越小越看重形象，其中"90 后"占比 51.9％，成为各个年龄段中最看重"颜值"的群体。

有人问，长得不好看是不是在职场就不吃香？家境不好是不是在职场会更困难？其实这些问题可以归结为在职场遭受不公正待遇该怎么办？与其花大代价纠结问题的缘由，不如想想怎么去解决。

诚然，每个人进入职场的起点是不一样的，在你先天落后于别人，屡屡吃亏的情况下，你可以不舒服、不甘心，但不能因此一蹶不振，你需要付出更多，更努力地去追赶这些差距。没有优势也要创造优势，有了优势就该琢磨如何更好地发挥，创造价值，并且让自己不断被周围的人需要，被企业需要，那才是你可以无惧偏见，得以立足的根本。

在职场，要用做公益的状态去做人做事

　　没有打"鸡血"，没有声嘶力竭，更没有滔滔不绝的理论和说教。日前，阿涌叔叔应邀为阳光人寿保险江苏分公司高管主持了一期团队执行力体验式训练。阿涌叔叔将带着公益心做事、做人的理念融入其中，让所有的参与者都有了不一样的收获。

　　什么是公益？公益是个人或组织自愿通过做好事、行善举而提供给社会公众的公共产品。阿涌叔叔将这个概念引入到职场，并提出："心怀慈悲，用做公益的状态去带领团队实现目标！"

　　这是阿涌叔叔最想传递给接受培训者的声音，也是接下来体验活动的主题。每个小组需要讨论和设计一两个公益项目，要求是：创新、可操作，并能温暖整个城市，然后进行展示。

　　第一小组针对儿童遭拐卖、学生失联等现状，提出去乡镇宣传人身安全知识，呼吁大家防患于未然，学会自我保护。但是阿涌叔叔抓住了几个漏洞：宣传知识的专业人士从哪儿来呢？这个项目和阳光人寿这个单位又有什么直接联系呢？社区、街道都会组织这样的活动,那么项目的新意又体现在什么地方呢?一连串的质疑毫不留情地将这个项目否决了。

无独有偶,第二组进展得也不顺利。他们提出的方案是通过爱心义卖去帮助一些患有重大疾病的家庭,但是却没有考虑清楚义卖物品的合理性和义卖对象的范围。

第三组设计了一个"阳光替你说爱"的公益项目,由"阳光人寿"的员工组成志愿者团队,在商场、街道上遇到两人同行(可以是夫妻、情侣、朋友、家长和孩子),志愿者会替两人中的一人向对方喊出爱的宣言,并且志愿者会一个接一个地喊,让一定范围的人都能听到。看似很温馨的一个项目,却被阿涌叔叔的一句反问无情刷掉了。"爱是两个人的事,为什么要高调地让不相干的人知道呢?我爱一个人,但我自己觉得无需非要对她说'我爱你',怎么会愿意让你们帮我说呢?"看来,理想很丰满,现实却很骨感呢,没有建立在实际基础上的理论都是空谈。

剩下几组的项目也都存在不少问题,想法因循守旧,方案不够完善,成本太高,难以推广。很遗憾地,全军覆没。而这样的结果恰恰是阿涌叔叔意料之中的,阿涌叔叔安抚道:"大家不需要灰心,第二轮讨论才是我们的重头戏,刚刚的方案,有些确实不可行,你们另外再准备;有些只要完善一下就可以了。结合我刚刚提出的质疑及建议,各位再努力一把!"

经过上一轮的失败,各小组总结经验教训,再次出发。这一次的讨论不如一开始那么热闹,显然大家的思考变多了,也变深了。有的组专门安排人负责对提出的项目进行质疑,以此来完善方案;有的组把项目在执行过程中可能遇到的问题都列了出来,一一解决;还有的组拟定了多个方案,避免重复……大家开始进入状态,这 10 分钟的效率可比之前的 20 分钟高多了。

其实工作不就是如此吗？为什么大家花同样的时间创造的效益却不同，就是因为有些人充分利用了这部分时间，而有些人却在浑浑噩噩，甚至反复做着无用功。这就导致了双方差距越来越大。而公司需要的，并不是一味埋头苦干却不懂方法的人，做事效率高，能在同样时间规定里创造更高效益的人反而更容易受到领导的青睐！

到了展示环节，这一次每个小组都拿出了更为成熟的方案。比如"行阳光大道"项目：由"阳光人寿"冠名，组织全城的慢跑活动，每个参与者都可以为一些残障人群奉献一份爱，并可以获得一本印有"阳光人寿"暖心标语的图书，献爱心的资金可以由"阳光人寿"负责，也可以和其他企业联合出资。再比如"阳光传递爱"项目：由"阳光人寿"的工作人员组成志愿者，随机向路人发放写有暖心话语的气球，并对每一个受赠者说一句"希望你今天很愉快，如果你愿意，可以把这份愉快带给下一个人。"以气球和祝福作为载体，把这份温暖传递下去。还可以在气球上签上每一个受赠者的名字或是祝福，这样的传递更有意义。还有"我是小小理财师"项目，"阳光人寿"进校园，义务为孩子宣讲理财知识，培养孩子们的理财观念和保险意识，既能起到家庭教育的作用，又能为公司宣传，真是一举两得。

项目一个个提出，大家一起来完善，最终每个小组都确定了可执行的项目。阳光公益体验活动到此圆满落幕，相信每一个人收获的远不止一个实际可行的公益项目，更有对工作的思考，对自己的认知，对未来的规划！

阿涌叔叔设计这个体验项目的初衷是："首先，呼应了我一开始提到的概念'带着公益心做事、做人'，在大家的脑海里强化这个概念，并把理论付诸于实践，让每一个人能切身体会到什么是公益,怎么样才能把公益做好。很多人对公益的认知还停留在捐钱捐东西上,那样的公益方式太陈旧。其实公益很简单,就在我们身边。我们的一点点善心和善行,就可以变成公益,帮助更多人,温暖更多人。"

"每个职场人都应该怀着公益心和同事交往,怀着公益心和领导交往,怀着公益心和客户交往。企业则更需要心怀慈悲,用做公益的状态去带领团队实现目标。"

"其次,我需要大家通过这样一个体验活动凝聚在一起,形成一个团队。我们今天是随机组合的,一个团队的成员可能彼此都不认识,各自的背景、情况也都不同,这就给了大家一定的自主性和考验,团队是团结一心还是一盘散沙?是集思广益还是各抒己见?团队中是否会有优秀的领导站出来,组织管理整个团队呢?这些问题,都值得深思。"

有很多企业的领导曾向阿涌叔叔诉苦,自己的公司缺乏管理型人才,其实未必是缺这样的人,更多时候是因为你没有提供千里马表现的机会。而像这样的体验活动就提供了一个良好的平台,可以展现个人能力。在方案最终确定的环节里,几乎每个小组都进行了明确的分工,有人口才好,善交际,那么就可以负责对外协商和拉赞助;有人文笔好,那就负责文案工作;有人做事细致稳重,那就可以负责后勤;有人统筹管理能力强,那么就可以作为组织者。当每个人的长处得以最大限度地发挥,就说明他被放到了合适的岗位上,资源得到整合,那么离为公司创造良好效益还远吗?

一个出色的团队,必然是每个人都能在合适的位置上做合适的事,最大限度地发挥自己的能力,并且始终凝聚在一起,对外保持一致,对内各司其职,能够一起出谋划策,尽心尽力。就像这次策划公益项目一样,一个成熟的方案一定离不开大家的智慧,一次成功的策划也一定凝聚了众人的汗水。团队优秀了,身处其中的成员才能更优秀;团队进步了,成员才能跟着一起进步。

再者,在大家设计公益项目的过程中不难发现,很多人做事都是想象先于行动,头脑里想得很美好,却没有考虑到实际因素,不仅做公益是这样,工作也是这样。其实从大家方案的反复修改到形成来看,是需要一个过程的,必须反复推敲、完善。这又何尝不是对工作应有的态度呢?

最后,阿涌叔叔想考验一下大家的耐挫力。当你的 plan A、plan B、plan C 不断被否定,这时候你该怎么办?其实这就像职场,你的建议可能会遭到否定,你的工作可能会遭到质疑,遇到这些情况时,不要总是拒绝和排斥,不妨先静下心来想一想,你遭到质疑的原因是什么?如果的确是自己的方案存在问题,那么就收起你的抱怨,心怀感激,把方案修正或完善。如果是被误解了,那么就坚定立场,把误会解释清楚。如果是对方存心找茬,那么就据理力争,不要轻易妥协。然而事实证明多数人遇到的是第一种。

阿涌叔叔相信你可以的——

没有谁喜欢被质疑和否定,但如果想让自己进步,变得更加强大,那就必须要经受得住这些磨炼。多想想自己为什么被质疑,哪里还有漏洞,哪里还可以做得更好,怎样去解决别人的疑惑,唯有如此,你才可以不断进步。

怎样走出职场的习惯性『失恋』

前些天，金阳刚办好离职手续，这就意味着自他毕业后已经从事过 7 份工作。这一次，他不想再匆忙就职了，打算给自己放个假，好好想想未来该怎么走。

毕业才一年就换了 7 份工作，平均两个月不到就换工作，这实在是惊人的。这其中有他主动离职，也有被公司辞退。曾经，他觉得自己是不在乎的，因为无论公司怎么换，他的目标始终很坚定，自己要从事互联网相关行业。他觉得自己和那些漫无目的尝试不同行业的人相比，显然是不一样的。但无论主动也好，被动也好，这么频繁的变动还是让他开始有点儿慌乱，他不明白问题出在了哪里，于是他找到了阿涌叔叔。

"我不就是坚定地想做个互联网运营吗？怎么不是公司倒闭就是项目被砍，运气像我这么背的，也是少见！"

听着金阳的哀叹，阿涌叔叔笑着问他："真的不是因为自己的原因？"

"冤枉啊，除了有一家公司我没过试用期，其他真的都是客观原因啊！"

"最近这次离职是因为什么呢？"

"我所在的部门被总部砍掉，没办法待下去了。"

"按理说，这种情况，公司应该会给你们这个部门的员工提供一些便利。"

"我们可以申请去别的部门，有些同事也确实是这么做的，但我觉得别的部门跟我匹配度不高，所以我还是辞职了。"

"你觉得这个公司如何，有没有发展前景，或者说抛开这个岗位，别的方面有没有让你不满意的？"

"那倒没有，公司是大公司，环境氛围和发展机会都很不错，也肯给年轻人机会，要不是这个岗位没了，我真的很满意……"

"如果一个是好公司但是没有太合适的岗位，一个是你心仪的职位但是公司潜力不大，你会选哪一个？"

"这……"金阳陷入了沉默。

"其实你现在的症状就是职场的习惯性'失恋'状态，刚才的犹豫说明你也明白天下没有十全十美的事情，就像你也遇不到一个完全合适的恋人。你放大了工作中的失意，看似你目标唯一坚定，在不断积累经验，离开一个公司的时候可以洒脱地对自己说'没事，这个不适合，卜次还能遇见更好的'，但你真的能遇见心里所预期的那份更好的工作吗？或者说你之前的经验对你真的全部有帮助吗？"

"谈恋爱的时候，如果你始终不是投入身心，而是把对方作为找到心中理想恋爱的跳板，不断以此分析对象身上的优缺点，积累经验，结果可能是你离心中的完美情人越来越远。你在消耗对方，对方也在消耗你，你的不信赖也会造成对方对你的怀疑，不肯付出真心，怎么可能求得真爱，况且这真爱或许只存在于你的想象。"

"公司和领导不是傻子，你在他们公司做了多少事，投入了多少精力，他们都看在眼里呢，你所说的离职的客观原因，不过是加速剂罢了，结果都是一样的。"

阿涌叔叔又看了看之前金阳递给他的简历，说道："你的简历很好看，工作经验很'丰富'，但说句实在话它经不起推敲。如果我是 HR，一定会怀疑你在毕业后这么短的时间内，如何在这么多公司有过这么多工作经验？你大概没考虑过这个问题，也有可能你运气好，之前没碰到过这种问题。换言之，你简历上的工作经验没办法转化成你实际的工作能力，这才是你无法稳定的根本原因！"

"简历是你的敲门砖，口才也是你的优势，这些或许可以给你提供更多的机会，但是你要真正抓住机会，站稳脚跟，还是得靠真本事啊！不要总想着不停地换工作，你若能改改这性子，踏踏实实做好一件事，做成一件事，就不会像现在这么迷茫了！"

阿涌叔叔相信你可以的——

　　有人在职场是捡了芝麻，丢了西瓜，不知道自己想要什么。也有人是执着于掰玉米，可走一路不是嫌小嫌老，就是嫌弃有瑕疵，总以为还能遇见更好的，但却不知道最好的从来不是遇见的，而是靠自己创造出来的。人要不断向前看，同样也要懂得知足和谦虚，千万不要让自己陷入职场的习惯性"失恋"状态。

求职问薪资成禁忌？

　　小沈最近应聘了一家单位，他自认为面试过程中与对方谈得很愉快，个人能力与公司的要求匹配度也很高，但是最终却收到了"很遗憾，你不适合我们公司"的回信。他百思不得其解，恰巧在电视上看到一位 HR（人事专员）说起求职的一些禁忌，其中提到应聘者主动问起薪资、"五险一金"和加班费会给面试官留下不好的印象。回想到自己在面试的最后确实提了这方面的问题，怀疑是否真的有影响。他问了身边的同学，也是各有说辞。他拿不准，便把这件事跟阿涌叔叔说了。

　　"我确实不赞成求职者在面试时主动询问薪资，而应该是由面试官主动跟你提的。这不仅意味着对方对于你的认可，说明你被这个单位需要，也是面试时常规的流程。"

　　阿涌叔叔又补充道："如果面试都结束了，对方丝毫没有跟你谈论薪资，大多数情况下是不想录用你。即便有可能是'遗忘'了说这一点，但你确实觉得这家公司不错，也可不必问，因为第一个月的试用期你就知道了，到时候可以选择再去谈。"

"是的，我面试过的几家公司在公开的招聘网上都注明了薪资范围，后来面试的时候也会主动跟我提起试用期和转正之后的工资，很清楚。不过，我有朋友遭遇过加班不补贴，傻愣愣做了几个月才知道公司连'五险一金'都不交，我也是怕了……"

"凡是正规注册的公司，法律规定是必须要为员工缴纳保险的，如果你朋友遇到了这种事，是可以去申诉维权的。至于加班，我倒觉得不应该是常态，至少工作的人不应该把这一项作为自己涨工资的理由，相应地，正规企业应该会肯定员工合理的付出。换一种角度来说，几个月之后发现问题才知道懊悔，那为什么不在应聘前就了解清楚公司的情况呢？"

"我们都是在招聘网上看到的，很多公司介绍得很含糊，还有的就是夸大其词，有时候一下子投很多份简历，哪能了解那么清楚呢？"

"我很反感这种广撒网式的求职方式，求职是件慎重的事情，提前应该做足功课，去详细了解你想要求职的公司，并且准备充足。如果前期工作都做足了，怎么可能遇到之后那些意外呢？退一步讲，即便对方公司徒有其表，在试用期的几个月里，就应该能够发现问题，及时止损，而不是被动地等待。"

"您说的对，我们想要得到好的结果，却没有相应付出。"

"以后求职多想想自己能为公司做什么。得失心不要太重，说不定会有意想不到的收获呢！"

阿涌叔叔相信你可以的——

　　不少求职者在还未得到工作的时候就总想着自己能从企业得到什么。将心比心，如果你没有为企业付出，那么企业为什么要为你付出呢？多站在对方角度考虑，彼此或许都能得到满意的结果。

专业的『金子』总会发光

　　贝贝的工作是一直坐办公室的，为了避免自己久坐身体不适，便在工作的地方附近办了张健身卡。她比较喜欢上健身房里的公开课，每天都有不一样的，有时候是中国舞，有时候是瑜伽，有时候是踏板操……上这些课的老师多半是兼职，根据课程的热度来决定排课量。

　　原本就是挑自己有空的时间去健身房，也不了解这些课程，贝贝常常是随机上课，过了一个月左右，她开始固定上一个教练的课。男教练相貌平平，看着也有点儿年纪了，在遍地都是年轻教练的情况下，他实在是不突出。第一次参加这个教练的课，还是为了凑人数贝贝才去的，因为健身房规定，至少三个人才能开课，贝贝就是第三个。

　　一开始贝贝还有些心疼教练，偌大的教室，旁边的瑜伽课都爆满，这里却是冷冷清清，但很快她就不这么想了，因为教练紧锣密鼓的课程让她立刻投入其中。虽然教练不爱说话有些闷，但是动作编排十分合理，能够照顾到她这个新人，一节课下来，她觉得体验不错，于是后来也愿意上这个老师的课。

一个月下来，贝贝断断续续上了这个教练好几节课，她发现课程每次都会有变化，而且看似有些无趣、寡言的教练很注重锻炼和休息的安排，并十分注重放松，有时候还会穿插一些专业知识科普给大家。有一次，一个女生向他咨询如何练腰，但是教练看出女生的腰受过伤，建议她先去看医生，甚至让她暂停来健身房。贝贝不禁感叹教练真是太耿直了！

后来有一阵子贝贝没空去，等再隔一个月去的时候，她惊讶地发现这个教练的排课达到了所有兼职教练中最多的，有些课都常常人满，偶尔她还能听到别人的评价，夸奖教练敬业细致。

相反，这几个月里，有几个一开始很火的年轻教练陆陆续续减少排课或离开。其中一个教舞蹈的女教练贝贝也曾上过她的课，一开始觉得很新奇，到后来翻来覆去就是那么几个动作，贝贝也就腻了，没办法得到提升。

后来，跟阿涌叔叔在一次闲聊中说起这件事，阿涌叔叔便借机给贝贝上了一堂职场课。

"这个教练身上的闪光点就是他的专业精神，他上的每一堂课都不敷衍，他严格要求自己，提升自己的专业素养和技能；认真对待自己的顾客，在原则问题上很执拗。他或许在其他方面不出众，但你们去健身房都是希望得到提升的，或者说是想要效果的，所以他的专业恰恰是你们需要的。"

"有道理，一开始不惊艳，但是会让人越来越舒服，特别像埋在沙砾里的金子，总会闪光，比其他的昙花一现可好多了！"

"姣好的外貌、风趣的谈吐以及高超的人际交往能力，这些都是在职场很好的优势，但并不是人人都拥有这些本事。那么，不具备这些的人就需要提高自己的职业技能和专业素养。不管做什么,到哪个公司,专业人才总是受欢迎的!"

"是啊,那怎么才能提升自己的专业素养呢?"贝贝问道。

"首先是心态,对自己从事的工作要有敬畏心和好奇心。不断学习和提升自己,做一件事的时候力求做到最好,而不是随随便便的敷衍。发现自己的不足,懂得接受、反省和改变。"

最后,阿涌叔叔补充道:"理论再丰富也只是理论,说一万句不如现在就去行动,你说是不是呢?"

阿涌叔叔相信你可以的——

专业精神应该是每个职场人都具备的,是最基础的也是极为重要的一项素养。你或许不能巧舌如簧,也没有足够强大的情商和气场一下子吸引别人,但专业绝对是能够让你在职场生涯中不被埋没,熠熠闪光的重要特质。

在职场，你是否被需要

在职场中，"跳槽"是常见的现象。员工或想通过"跳槽"来证明自己的价值，或仅仅是为了谋求一份待遇更好的工作。但这"跳槽"二字背后蕴含了深深的职场智慧——你是否被需要？这既是针对员工：你"跳槽"，公司却不挽留你，说明你不被公司需要；也是针对领导而言：员工选择跳槽，说明你不被员工需要。近日，在多场"阿涌叔叔企业高管成长训练"中阿涌叔叔明确提出了这一观念。

职场需要"被需要"

作为一个员工，你需要"被需要"。"被需要"其实是一种自我价值的体现，一旦你在工作中、在生活中被别人需要，某种程度上就证明了你的价值，你越是迫切地被需要，说明你被认可的程度就越高。什么是"被需要"呢？我们在朋友圈发状态，本能地会关心有没有人点赞。如果无人问津，我们肯定会失落；如果点赞、评论的人太多，我们可能也会觉得烦，但是有总比没有好。

这也说明了在每个人心里外界对我们的评价很重要。其实,我们做的很多事,都是在检验自己是否被需要。如果你到哪里都是可有可无的,那说明你到哪里都不被需要、不被重视,你的个人价值也就得不到肯定,这是职场的大忌。

从企业家的角度而言,更需要"被需要"。你的产品是否有足够的吸引力去迎合顾客,你的营销策略是否符合当前市场的走向……这些都是企业家需要去思考的。一个企业想要发展,势必要得到更多人的需要,一旦能做到被客户、被市场、被员工都需要了,而且是无可代替的需要,那么企业才能立足,才能谋求长足的发展。

营造好自己"被需要"的生态圈

个人的发展离不开一个良好的环境,而良好的环境未必是预先存在的,更多时候需要被营造。学会用自己的言行去影响周围的人和事,当你足够强大,就可以营造一个适合你的"被需要"的"生态圈"。

首先,学会自我欣赏。你必须明确自己想要什么,树立目标。而你所做的一切应该都是围绕这个目标去做,进而让自己变强大。此外,善于挖掘自己的优点,并把它运用到合适的地方,发挥你的长处,施展个人才华。继而用自己的优秀去影响周围的人,传递正能量。

其次,学会感恩。学会发现自己身边的美好,善于从消极的境遇中找到积极的一面。被领导责备,想想他为什么要骂你,是不是自己做得还不够好?被同事非议,想想是不是你的人际关系没有处理好,能否改善?只要不是毫无根据的恶意中伤,多少是因为你有能力遭人嫉妒或是的确有做得不到位的地方。如果是前者,那就不予理会,继续做好自己;如果是后者,那就更要努力,用实力让那些瞧不起你的人心服口服。对于客户,也是如此。你可能会遇到棘手的客户,但是,职场没有永恒的对手,所以聪明的人懂得将对手转化为自己的朋友。

最后,作为"生态圈"的中心,你更要努力做好自己。但很多人却选择人为地制造"雾霾",给自己的"生态圈"蒙上了一层灰,让自己的工作和生活充满了负能量。人与人之间是互相影响的,你也许不能决定一开始自己选择的环境,但是你可以通过自己的努力去影响它,甚至改变它。让自己和自己的"生态圈"都处于一种良好的状态,这样你才会越来越好!

团队让个人"被需要"更强大

阿涌叔叔在多个场合都十分强调"团队"一词,这是所有人耳熟能详,却又极易忽略的一个点。很多人会曲解"团队"这个概念,认为"团队"就意味着弱化自己来迎合别人。实则不然,一个真正优秀的"团队"是让身处其中的每一分子始终能在一起,往前走。每个人都需要在自己的岗位上做好自己,以自己的强大来成就"团队"的强大。当"团队"足够优秀时,那么每个成员自然也很优秀。

"团队"内部矛盾需要及时化解,不能等它越积越深,等到裂缝大到难以弥补时,"团队"也就不复存在了。同时,领导在"团队"中扮演了举足轻重的角色,需要发挥好自己的才能,团结所有员工。员工有懈怠和怨言,工作不认真,一定有领导层的原因。"好员工是好领导造就的。"这是阿涌叔叔常说的一句话。如果他们不服从你的管教,一定是你的威信还不够;如果他们不尊重你,一定是你没取得大家的信任;如果他们对工作环境和内容不满意，一定是你的管理方法存在问题……公司的核心是领导，但基础一定是员工。如果基础不够牢固，那整个"团队"又怎么可能牢固呢？

阿涌叔叔相信你可以的——

"被需要"是职场宝典中不容忽视的一个概念，无论是员工、管理层还是企业，都离不开"被需要"。因为"被需要"，我们的成果得到认可；因为"被需要"，我们的地位得以奠定；因为"被需要"，我们的价值得以彰显。

在单位里无足轻重，在同事眼中可有可无，在领导手下不被重用，不被客户尊重……这些都是不被需要的表现。不要沉浸在安逸里而不思进取，你的被冷落、被忽略都意味着你随时可能被替代。想要让自己强大，想让别人认可你，想在职场站稳脚跟，那么第一步，不妨每天问问自己，"今天，我被需要了吗？"

跟老板谈条件，你凭什么

"跟老板谈条件，你凭什么"，这不是一句气话，也没有任何挖苦的意思。身处职场的人，都会有跟老板谈条件的念头和行为，不过重点在于，"谈条件"是因为什么，为了什么，又是否在合适的时机，拥有了相应的底气呢？

景天前阵子面试了一个小姑娘，刚毕业没什么工作经验，前面谈得好好的，一听到实习工资，小姑娘一脸惊讶，张口就来了一句："我大四去的那家公司的实习工资比你们这儿高好多！"话一出口，氛围立马冷下来，还没等景天表态，小姑娘就匆匆结束面试离开了。

恰好隔天有三位同事接连辞职，态度一个比一个强硬。景天所在的部门本来就人少，临近节假日，工作任务也比较繁重，这样一来任务就更重了。其实这三个同事工作时间都不长，吃不得苦，平时私下就是小团体，经常能听到他们抱怨，景天本就看不惯，这节骨眼上一起递交辞呈，说不定是故意的。

接连遇到这些奇葩事，景天就跟阿涌叔叔"吐槽"了。

"你那几位辞职的同事是真辞职还是假意辞职啊?"阿涌叔叔喝了一口茶,悠悠地问道。

"你怎么这么厉害,还真有一个不是真的想辞职,就是最后开口辞职那个,还跟我们主管讨价还价呢,想提高点儿工资。"

"结果呢?"

"我们主管拒绝了。"

"这个想留下来的人可能衡量过在这个时间点几个人一起辞职的情况下,能增加他被需要的概率。可是他忽略了最根本的问题,决定一个人是否被需要,靠的不是偶然或运气,而是自己的实力。"

"如果你面试的女孩能力出众,能胜任你们的职位,是你们要的人,你很可能会让步,甚至会满足她的要求吧?如果你的同事负责的是比较核心的重要的工作,是别人难以替代的,那可能不需要他去提要求,老板就会想办法把他留下来的。"

"是这个理。"

"公司的核心竞争力,一是产品,二是人。如果公司能支付得起相应的薪资,我想不会有哪家公司会拒绝加薪因而损失不可多得的人才。谈条件这件事很平常,是双方博弈和沟通的一个过程,双赢自然是最好,但前提是你是否足够了解自己,确认自己已经有了提条件的能力和底气。"

"比如一个孩子他想要一件心仪的玩具,在考试成绩达到父母预期之后,他和父母谈条件,要这个玩具作为奖励,父母或许是接受的。但如果孩子考差了,或是表现不好,他这时候再去提不就撞枪口了吗? 生活里处处也都是职场问题的缩影,孩子都能明白的事情,反而很多成年人不懂。"

"你这么一分析,确实是很简单的道理,那大家为什么想不通呢？"

"好多人心气太高，把自己看得过于重要，想问题都从自己的角度出发。比如一个人加班，他有怨言，觉得自己为公司多付出了，却没有回报，然而他很少会去想，加班的原因是自己工作效率不高，别人都能做完的事情自己做不完。嫌自己薪水低而不被重用的人，可能觉得自己被埋没了，怨领导怨公司，唯独没从自己身上找原因。"

"唉，真是说别人容易，反思自己太难咯！"

阿涌叔叔相信你可以的——

面试的时候，求职者可以跟面试官要求理想的薪资和岗位；员工在工作一段时间后，可以提出提高职位和待遇；老员工在离职时可以提及关于养老的福利。这些都是在向公司提条件。为了保障或争取自己应得的权益，促进个人未来发展而提要求，这些是再正常不过的事，却也是双方博弈与协商的过程。当然，双赢是最好的结果。

可是很多人在提条件的时候却没有考虑到自身的条件不足，能力不够，因而把失败的结果归咎于公司和领导的不近人情。如果说这种失败一次是偶然，那么两次三次都是如此，就应该反思自己哪里做得还不够，哪里做得还不好，而不是气急败坏地责备他人。

下次想跟老板谈条件之前，不妨问自己一句："我凭什么？"

站在巨人肩上看到的风景不属于你

职场中有一个"借力"的概念，古人说，"智人当借力而行"，借力是一种智慧，也是一种勇气。当有机会站在巨人的肩膀上，便能看到更广阔的风景，有更多的可能，但站久了，你是否会忽视自己原来的高度呢？

阿沁工作数年，当了老板助理多年，老板人脉广，阿沁也得以跟着到处跑，见世面，周围人都尊称她一声沁姐。

几个月前，因为一些私人矛盾，阿沁离职了。原以为凭着自己过往的履历和人脉再去找工作应该很简单，哪知不是阿沁看不上对方的职位和待遇，就是公司提出的工作阿沁无法胜任。更让阿沁无法接受的是，当她回过头来去找以前因为工作认识的人时，对方不是"打太极"就是直接拒绝。

"我真的想不通这些人，以前吃饭聊天出去玩，明明就很开心，现在找他们帮忙，却一个个推辞。这是什么世道？"阿沁气鼓鼓地跟阿涌叔叔说道。

"你去找的工作还是同行业的吗？跟你过去的老板有牵

连?"阿涌叔叔问道。

"多少有点儿,因为我还是在本地找工作,他在这行的影响力还挺大的。"阿沁叹息,又话锋一转,"外面的地方我也找过,但这些年积累下来的人脉都在这里,去外面我的起点就低了……"

"你确定那些都是你的人脉吗?"

"什么意思!"阿沁有些不高兴地反问。

"聊天聊得投机,吃饭吃得融洽,偶尔一起出游,这些未必是建立在职场上的被需要关系。我今天和你聊得开心,明天也可以跟别人聊得开心,但是为什么一涉及具体问题,比如找工作、帮个忙的时候,人家就回避了? 就是因为你们的交情还远远不够,或者说在职场上,别人觉得没必要不值得。"

"而且这些人你是通过前老板认识的,或者说是因为你的前公司而累积下来的。那么,你就要搞清楚,人家是要结交你这个人,还是你背后的公司? 你该反思自己了。"

"唉,那到底怎么样做才能积累能为自己所用的人脉呢?"

"这个是多方面的,比如你的人格魅力、你的气场、你的能力,你能为别人带去什么?"

"前阵子,我参与的一个项目前期沟通出了点儿问题,后来遇到他们负责人,很巧,他以前在大学的时候听过我的讲座,对我印象很深刻,我就把问题跟他耐心地说了说,很顺利就解决了。正是通过那次合作,我们建立了联系,其实我们正儿八经也就见了那么一次,但现在也是很不错的朋友,他遇到问题会跟我说,我能解答的也毫无保留;我遇到不明白的,他也乐意给我解答。"

"还能这样?"阿沁表示有些不可思议。

"朋友有时候就是这么来的,尤其是通过工作建立的关系,我有不少全国各地的朋友，平时未必能见面，但关系一直都很好。可能因为信赖你这个人，也可能因为你能为他们做点儿什么。按照你所说的靠吃饭玩乐建立起来的人脉，那我还真是几乎没有呢。"

阿涌叔叔开玩笑道，顿了顿又说："另外，不要把这件事想得太刻意，带着目的去交朋友可能反而达不到你想要的效果。无论是生活还是工作，咱们都可以纯粹一点。你说我今天见了个客户，就要发展成我日后隐藏的合作伙伴，那没意思，还不如你在接待他的时候，能把事情做好、服务好，让对方由衷对你产生好感。"

"学到了，我应该让自己更强大，让别人认可我这个人，而不是我的领导我的公司给我的光环。"

阿涌叔叔相信你可以的——

职员和公司应该是互相需要的关系，公司需要员工生产产品，创造价值；员工依靠公司的平台提升自我，得到晋升。身为员工，更应该意识到自己并不是独立存在，如果没有给你发挥的舞台，如果没有给你看风景的高度，自己还能站在什么位置？

积累人脉，有时候并不是靠着一顿顿饭吃出来的、一次次礼送出来的，我们需要交际、应酬，但透过这些表象，如何能与别人真正建立牢固的关系？更多应该是凭借个人的魅力和能力，是你真正能够吸引别人、帮助别人的部分。

你能为公司做什么

今天，阿涌叔叔面试了一个大学毕业生 K，颇有意思。

在谈及薪资时，K 觉得公司给出的工资没达到他的心理预期，滔滔不绝列举了很多理由，以证明他要求的待遇是多么"合理"，比如物价，比如同龄人的待遇水平，比如他的生活成本……

"那么如果你拿到这份工资之后，能为公司做什么呢?"阿涌叔叔听完年轻人的一番话，笑着问道。

"不知道。"K 脱口而出，似乎意识到这样回答有些不妥，他又补了一句："公司应该会提供培训的吧。"

"按照你的逻辑，工资开 5 000 元和 50 000 元，反正都要培训，那公司的 HR 为什么不选择薪资要求更低一点的呢，如果有人 500 元也肯干，不是更划算吗?"

"那肯定不一样的。"K 反驳。

"哪里不一样呢?"

"我毕业的学校，还有我的简历上写了我获得了这些奖……"

"你的简历上提供的信息跟你想要应聘的职位,关系并不大。在和你沟通的过程中,我也没发现你身上有什么特别适合我们公司的特长和技能。在这两个前提下,你毕业的学校和学历,对我们来说,参考价值不大。"

"比起你的曾经,我们更看重你在以后能做什么,能为公司做什么,否则我想不到一个用你的理由,公司培训也是需要成本的。如果求职者一脸茫然,对未来一点儿想法都没有,我们也有理由相信,他无法专注投入工作。"

"很可惜的是,这最重要的一点,你忽略了。"

K 没有说话,但也没有要走的意思,阿涌叔叔继续说道:"求职者对薪资有一个期待值,公司也会根据实际情况划定一个范围,这是一个双向选择沟通的点,谈不拢很正常。但通过刚才的交谈,我可以给你一些建议,面试的时候少说'我',多考虑你即将应聘的公司和工作。你觉得跟你一起毕业的同学,工资都很高,但你问过他们的职位、公司的地点、公司的规模吗?你了解他们的工作模式和制度吗?至于你的租房成本、上下班的交通问题、食宿补贴,等等,你只考虑自己方不方便,但是为什么公司有义务为你买单呢?尤其是当你连能为这个公司做什么都说不出来的时候。"

"那我就只能被安排了吗?"良久之后,K 有些不甘心地问道。

"你依然可以有自己的底线和标准,但是你要清楚支撑你提要求的资本是什么,这样你才有和 HR'讨价还价'的底气。每个公司选拔的标准不一样,各个岗位要求也不一样,有些工作是需要你有经验和基础的,而有些门槛相对较低,这个在你投简历的时候可以注意一下。当然,面试成功只是个开始,每个公司需要的都是能做事的人，所以以后所走的每一步才是决定 10 年后、20 年后的你到底是什么样的。"

阿涌叔叔相信你可以的——

温室里成长的安逸，导致很多人觉得毕业之后求职一帆风顺是必然，握着有光彩的简历就可以拥有既体面又高薪且舒适的工作。"伪精致"的生活追求和享受，让越来越多的人对于工作好高骛远，抱怨大于专注，频繁地换工作大于踏实地积累，觉得自己被压榨、被安排，然而究竟是职场压榨了你，还是你困住自己？一味地想从职场和生活中获取，那你又愿意为此付出多少呢？或许这值得我们思考。

找准方向，
去做比去想更有效

对他人和自己说一句：你可以的！

　　你可以的，"你""可以""的"，是生活中最简单不过的四个字，但当它们组合成一句话的时候，却有着震撼人心的力量。

　　一天，一位老友找到阿涌叔叔，他已年过不惑，和很多人一样，事业经历过浮沉，家庭经历过聚散。彼时，他因为一些原因刚从一家服务接近十年的企业离开，面对突如其来的新生活，这个一向稳重的男人也有些慌了神，便找到阿涌叔叔，倾诉一番。

　　阿涌叔叔深知老友的工作能力，出色如他，即便换一份工作、换一个职位，他相信好友都能胜任，但他也理解好友对重新出发、前途未知的迷茫与担忧。他没有发表长篇大论，也没有给好友灌"心灵鸡汤"，而是谈起两人年轻时一同工作的种种回忆。

　　"我记得，那时候有个单子被我们谈砸了，我当时心想完蛋了完蛋了，结果你告诉我，'怕什么，本来就是一无所有，大不了从头再来！'这句话我可是记到现在。"阿涌叔叔笑言。

　　这番话似乎勾起了老友的回忆，他不禁感叹道："是啊，那时候真是年轻，无所畏惧！"

"现在也一样，一无所有我们都经历过，即使再输一次，也不过从头再来嘛！"老友听出了阿涌叔叔的话中之意，有些讪讪的，没接话。

阿涌叔叔话锋一转，道出了自己这些年的经历，从企业一路高升，到毅然放弃拥有的一切，全身心投入到教育，再到一手建立体验式教育品牌。这一路浮沉，阿涌叔叔说的时候始终是云淡风轻。

"当时辞职，尽管做好准备，尽管事先给自己打了很多预防针，但当困难真正来临的时候，我还是有些措手不及的，不仅有家人的不理解，旁人的冷嘲热讽，对未知领域的迷茫，而且金钱、权利、地位一下子都失去了……"

"我仿佛处于一个巨大的漩涡之中，孤立无援，可是我坚持下来了，因为我知道自己要什么！"

"年轻时，我们一无所有，反而有四处跌跌撞撞的勇气；随着年纪越大，拥有越多，我们反而害怕失去。其实，人生不就是一个不断失去又重新拥有的过程吗？哪有什么是我们能保证绝对拥有的呢？活在当下的每一刻，我们能抓住的不过是这一分这一秒的自己。知道自己要什么，去寻找它，你就在前进。"

老友静静听着，品味着阿涌叔叔的一番话，不断回想自己过去四十几年的人生。

"成功与否，并不在于外人对你的评价，而在于你自己。我现在的办公室，比起十年前可真是小多了，可我接触的世界，却比以前大多了；我现在手下的人少了，可我带着他们能做成的事却比以前多得多。做自己喜欢的事情，我满足、我骄傲、我快乐啊！"

最后，阿涌叔叔看向老友，说："我可以，你也可以的！"

老友的脸上突然现出光彩，他有些激动地握着阿涌叔叔的手，"走，下馆子去，还点我们那会儿最爱的三黄鸡!"阿涌叔叔明白，老友现在完全可以重新出发了。

后来相聚又谈起这段往事时，老友依旧是止不住的笑意，他告诉阿涌叔叔，当时那一句"你可以的"真如醍醐灌顶，一下子就把他拉出了自己设置的困境。

所谓大智慧，皆是源于生活的感悟。"你可以的"不过是一句普普通通的话，在合适的语境，在恰当的心境下，竟成了治愈人心的良药。其实阿涌叔叔的每一个金句，都没有那么深奥，却可以渗透到不同年龄、不同经历、不同职业的人的心里。因为他知道，只有回归生活，才能打动人心。每个人在迷茫纠结的时候，需要的从来不是长篇大论，而是一个最简单的道理，一个他们一直懂得却恰恰被忽略的道理。

"你可以的"，是对他人的鼓励、肯定和相信。

说一句"你可以的"，只需要一秒钟，但你对他人的帮助和鼓励，却极有可能影响深远。不要吝啬鼓励和赞美，不管你身处何位，这都不会是一句多余的话。阿涌叔叔在体验式教育中一贯坚持的就是给予别人赞美，孩子需要鼓励、肯定和相信，成人也一样需要。

想想你茫然时，需要的并不是别人为你指一条路，因为在十字路口你早已隐隐有了选择，这时候你要的，是别人一个信任的眼神，告诉你"你可以的，大胆去选吧!"想想你害怕时，需要的并不是别人为你披荆斩棘，因为能帮你一时，未必能帮你一世，只有自己掌握的能力，才是永恒的。这时候你要的，是别人支持的臂膀，告诉你"你可以的，勇敢去做吧!"

"你可以的"，更是对自己的认可、督促和提醒。

鼓励别人，我们似乎总是得心应手，但对于自己，我们却总是忘了多一句"你可以的"。没有谁是可以一辈子指望和依赖的，与其等着别人对你伸以援手，我们不妨拉自己一把。

无论职场或者生活，遇到困难时，对自己说一句"你可以的"，相信自己可以渡过难关；被人误解时，对自己说一句"你可以的"，相信问心无愧，光明自来；遇到不公时，对自己说一句"你可以的"，相信阳光总在风雨后。

在职场中，记得跟自己、跟别人，多说一句"你可以的！"

阿涌叔叔相信你可以的——

没有那么多绕不去的坎，也没有那么多做不到的事，对于未知，每个人都会恐惧，但只要踏出那一步，你会发现也没有自己想象中那么糟糕嘛！一句"你可以的"，给自己信心和力量！

你把单位、工作和生活当作自己的了吗

在职场中，能够身居高位，大概是每个职场人的追求，但有一天，真的坐上了高层的位置，是不是真的就如想象中那样高枕无忧了呢？

曾经在大企业游刃有余的 Y，在晋升为副总之后，反倒叫苦不迭。

"阿涌叔叔，我最近工作不顺，连带着生活也糟透了，心里真是堵得慌……"这天，阿涌叔叔接到 Y 的电话。

Y 两个月前被提拔为公司的副总，这点阿涌叔叔是知道的，并且因为认识多年，他也清楚 Y 极能吃苦。哪怕曾经他所在的部门效益低下，面临关闭，他也硬是扛下来。这么多年，他从一个"菜鸟"职员一步步晋升为主管、经理，现在又成了副总，各中辛酸也没见他抱怨过，怎么这次到了人人艳羡的职位，他反而吐起苦水来了。

"老兄，别人晋升恨不得放鞭炮庆祝，怎么到你这不按常理出牌啊。"阿涌叔叔打趣道。

"我干惯了销售,虽然以前也有职位变动,但总还是在自己熟悉的领域,手下这批人也跟着我很久了。现在一下成了副总,权利是变大了,但我反而不知道该管什么了,有点……"

"有劲无处使,是吧?!"阿涌叔叔笑着说出了 Y 的想法。

"职位的转换必然伴随着权利和义务的改变,也意味着你要重新进入一个新的角色,其中的关键就是放低自己,从零开始。就像你一开始做销售,也是从无到有,只不过这么多年你习惯了,慢慢也就忘记自己一开始是怎么起步的了。虽说到了副总,好像地位、名利都很稳固了,但这其实是更大的挑战,你不应该有松了口气的感觉,应该有紧迫感,甚至带那么点危机感。"

"公司的高层都是光鲜给别人看的,整个公司的运营、底下员工的生计可都攥在你们手里,要承担的可就更多了,压力小不了。"

"可我现在连个商量的人都没有,底下没人啊!"

"什么叫底下没人,现在底下都是你的人!"

"没几个能说得上话的呀,而且我发现以前一个部门的同事,现在也疏远了。"

"这并不是疏远,以前一个部门,你传达命令安排任务都是具体到人,平时一些活动、聚餐也都在一起,自然'看起来'亲近。现在你没有细分的部门,自然就感觉到所谓的孤军奋斗。"

"但问题的根源与别人无关,在你自己身上。职场不同于家庭,不靠情感维系,而是依靠合作伙伴和团队。同事可以一起奋斗,但你不能指望别人把私人感情倾注在你身上。现在分管你原来部门的是新主管,那他们就得听令于新指挥,如果你现在再回过头来让他们听令于你,不才是乱套了吗?"

电话那头的 Y 沉默了,阿涌叔叔继续说道:"在我看来,你之所以工作不顺、生活不顺，归根结底是你没有把自己融入应该承担的角色。你真的把单位当作是自己的了吗？你真的把工作当作是自己的了吗？否则你有时间抱怨不如意，怎么不把这些时间用来思考如何让整个公司运转得更好呢？做好自己的本分，永远都是对的。"

阿涌叔叔相信你可以的——

　　如果不把单位当作是自己的，就不会得到自己人的感受和力量；如果不把工作当作自己的，就不会获得工作的乐趣和成就；如果不把生活当作自己的，就不会享受生活的幸福和自由。

　　无论生活还是事业，其实哪来什么高枕无忧、顺风顺水，都是不断适应、不断改变、不断提高的过程。积极主动地让自己融入角色，不过分在意别人的想法和作为，这才是能让自己保持快乐、上进和满足的法宝。

职场生涯规划，不要把自己的想象当现实

　　小杨就读于南京某知名院校，大学二年级，在学校里，可谓是风云人物，第一批入团，第一批上党校。在思想上，她比一般人想得更深更远，在同龄人忙着享受大学惬意时光、四处吃喝玩乐的时候，她已经开始考虑自己未来的发展方向了。但不曾想，她在面对阿涌叔叔的时候却满脸的焦虑与迷茫。

　　与阿涌叔叔的相识是偶然，彼时这个优秀的姑娘对自己充满自信，以为目标清晰的职场生涯规划早已将她划入有智慧、有远见的佼佼者中，根本不需要任何的改变和指导。所以一开始面对阿涌叔叔的提问"你对未来的规划是什么？"的时候，她胸有成竹地回答："我想进入公务员团队，特别是活动部门或者宣传部门。在参与团组织活动时，我发现很多活动形式单一、没有吸引力、达不到预期效果，但为了追求效果却不得不在报道时夸大其词，编造、摆拍的现象比比皆是。所以，我想做的事就是在我的岗位上用更鲜活的方式去开展活动，让通常看来复杂枯燥的东西变得通俗易懂，让活动的意义表现在质量上，而不是数

量上。"

一番豪言壮语似乎表明了小杨的决心，年纪轻轻的脸上写满了热血与干劲。阿涌叔叔没有直接评论，而是问道："那么除了这一规划，有没有别的考虑呢？"

小杨歪着头想了想，半晌才有些不好意思地说："其实我还有一个爱好规划，平时我喜欢阅读与写作，我的专业也让我有机会深入了解名家大作。我希望自己能够一路坚持下去，在课余时间坚持阅读、坚持写作。这也是我想继续学业，考研究生的原因之一。我觉得读研是对我目前喜爱的科目的深入研究，这本身也是一件快乐的事。"

"目前为止，你的态度都很乐观，而且有很明确的规划，这都很好。但如果你的两个方向出现冲突怎么办？如果必须要取舍，你会怎么选择呢？"我问道。

"怎么会？我的重心还是放在考公务员上啊，只不过不放弃考研罢了，再说，我觉得我有能力协调好两者。"

"考研和考公务员的时间很近吧，即使你比别人更早开始复习，也还是要有侧重点的不是吗？"

"很多人能同时兼顾考研和考公啊，别人可以，我为什么不行？"小杨有些急了，也有些不服气。

"我欣赏你对自己未来有明确的规划以及身上的自信，但你身上还缺点东西……"说到这儿，阿涌叔叔没直接说下去，而是叫来了江海少年通讯社的两个孩子。

"你们在报考江海少年通讯社小记者之前，对小记者的印象是怎样的？"

"很风光啊，可以拿着话筒到处去采访别人，还能挂个小记者证到处炫！""可以看到自己的稿件发表，以前读《江海少年通讯》的时候就特别羡慕那些小记者能写出这么棒的文章!"

"那你们在成功进入江海少年通讯社之后,真正成为小记者之后的感觉如何呢?"

"说实话,真心不容易,刚进去写篇稿子,一下就被部长毙了,而且这有要求,那有规范的。""对我来说,采访是个大难题,很多人根本不配合你,想完成一篇稿子,需要碰壁无数次。"两个孩子轮番说着,对于成为一个光荣的小记者背后的"辛酸"似乎怎么也说不完。

这时,阿涌叔叔转身对小杨说:"你看,任何光鲜的背后必然是相应的付出,在没有接触自己的理想之前,每个人都觉得那美妙无比,但你是否足够强大能够承受它不那么'美好'的另一面呢? 你的大学只过去一半,你的所见所闻大多'太平',你以为自己足够强大,但比起真正的强大,你还有很多需要学习和改变。我不是要告诉你社会有多残酷,只是任何时候都不要把自己的想象当现实,也不要用自己的主观臆测去看待这个世界。我希望你接触社会之后依然有坚定的决心。"

阿涌叔叔相信你可以的——

对这个世界心存喜爱,很好! 对自己的理想充满抱负,也很好! 但千帆过后,仍能始终如一,初心不变,才能更好地面对挑战,迎接未来。职业生涯规划仅仅是第一步,未来,还有更多的未知等待着你们,加油!

活动成功举办有什么秘诀

以成功承办的大型体验式教育活动"江苏省铁路规划设计研究院团队执行力体验大行动"为例，从阿涌叔叔和一个职场新人的对话，来解密活动成功背后的奥秘。

第 一 天

阿涌叔叔："你今天犯了几个错误，很致命，知道吗？"

Z："我没有及时提供活动道具，延误了活动。"

阿涌叔叔："这是表象，根源在于你没有用心，知道自己为什么频频出错吗？"

Z："不知道，我明明在纸上也记录了，也写进手机备忘录了，每个时间节点都提前在心里默念，就怕自己忘了。可一到节骨眼，反而手忙脚乱。"

阿涌叔叔："因为你没有把自己融入这个活动之中，你是游离之外的，你只想着怎么把自己手上的事完成，而没有顾全大局。你也没有想他人所想，没有多为我想一想，我需要什么。作为一个配合者,你应该凡事想在我的前面,我没想到的事你也应该提前考虑到,而不是等我布置。"

Z:"所以这也是为什么一旦实际情况和计划不一样,我就没办法应对的原因吗?"

阿涌叔叔:"当然,没有一个活动能够完全按照计划来,即便计划再周密,总有一些突发情况不可避免。另外还有参与者的反应和表现,我们可以预判,但不能把自己的想象作为标准。所以在一个活动中,一颗足够强大的内心,随时能够迎接挑战,且能从容应对所有意外的应变能力是极为重要的。"

Z:"的确,我太慌了,一有问题,立马就懵了,脑袋里一片空白,更别提解决的办法了。"

阿涌叔叔:"这就是你性格中最欠缺的那部分,你不会考虑到整个活动,不会站在别人的角度思考问题。而一个优秀的活动组织者,一定会照顾到方方面面,他会从活动的全局出发,把控整体。当你投入活动的那一刻,脑袋里唯一该想的,也最应该想的就是怎样把活动办好。"

Z:"我明白了,一个活动的成功是环环相扣的,团队成员之间是互相配合的,一旦有一环出现问题,也会影响到其他部分。接下来我会注意把自己的本分工作做好,同时考虑如何跟我的队友更默契地配合。"

第 二 天

阿涌叔叔:"我了解到昨天你为了做视频一晚没睡,明明这么辛苦,但你今天还是精力充沛,毫无怨言,这是为什么?"

Z:"熬夜是为了把工作做好啊,不做好会影响第二天的活动,怎么能安心。"

阿涌叔叔："你有没有发现，你在慢慢改变了。你的状态、你的心态、你的做事都在往积极的方向发展。正因为你不再计较，所以你才能更投入，才能慢慢享受这个过程。"

Z："我都没在意，但确实和大家的配合默契了许多，做事情也有条理了许多。"

阿涌叔叔："其实团队之间的配合仅靠分工明确是不够的，更重要的是大家形成默契。你这儿忙不过来，那我就搭把手；你出现情况了，我来帮忙补救。这才是一个出色的团队。除了活动内容，你有没有注意到活动参与者的情况？"

Z："我只记得几个很活跃的人，其他的没有印象。"

阿涌叔叔："今天发言的那个女孩子一直在重复自己是新来的，希望大家能够在乎她、接受她，可是你有没有发现她说完之后，得不到周围人的回应。她是没有安全感的，没有融入集体的，我们要解决她的这种问题。同理，我们不能只关注活动本身，因为所有活动的服务对象最终还是人。所以要学会观察他们的状态，一旦有什么情况要及时去处理。"

Z："哦，晚上举办联欢会的时候我注意到隔壁也有一家公司在举办活动，和我们相比，他们十分冷清，可是看他们的安排也是满满当当的，为什么效果却不佳呢？"

阿涌叔叔："因为他们的活动太模式化了，为活动而活动一定做不好。原本今天不下雨，我们是有篝火晚会的，但突然下雨，我们只能取消。一般处理方式可能就是让大家早点儿吃完饭去休息了，但我们就另辟蹊径，组织大家进行室内联欢，效果一样很好。具体的活动是载体，体验式教育是我们的核心，核心足够坚定和强大，我们的活动到哪里都能成功！"

第 三 天

阿涌叔叔："这三天你最大的收获是什么?"

Z:"最感慨也最感激的就是每个人对我的关心和帮助,在我做事不到位的时候,能有人及时指正,并且指导我如何去改变,这些经历是以往没有的。我也更深切地体会到以前都是理论派,懂那么多道理但是一到活动统统没辙,想要成长还是需要通过实践的。"

阿涌叔叔："你还是只关注到你自己,不管得与失都只围绕自己,而我在意的是参与我们活动的人是否得到了他们想要的。"

Z:"办活动绝对不能太自我,要顾全大局,对吗?"

阿涌叔叔："当然,在外做事情,就要学会把自己无限缩小,多站在对方的角度思考,想想他们要什么,做事自然得心应手。你觉得我们这次活动圆满举办的原因有哪些?"

Z:"一是我们计划完备。我们提前一个多月就开始准备了,活动的流程反复推敲,预案做得也很详细,而且做了很多次模拟,团队在这个过程中也在不断进行磨合。其次,我们的节奏把握也很好,大家配合默契,能够根据现场的情况及时进行调整。活动松弛有度,所有人在不累的情况下玩得都很尽兴。"

阿涌叔叔："你还漏了一点,也是最重要的一点——我们的体验式教育活动有思想。这次'江苏省铁路规划设计研究院团队执行力体验大行动'的所有环节都不只是玩玩而已,它背后都有教育意义。这也是为什么所有人最后都意犹未尽的原因,如果只是一笑而过,没有走进他们心里,那我们的活动就不算成功。要搞清楚服务对象的诉求是什么,从这个角度去设计活动,才能无往而不胜。"

卡拉 OK 式的职场氛围，会让你失去自己

生活大多时候平淡如水，偶尔注入一点儿兴奋剂，会让人感受到刺激。职场亦如是，适当活跃可以，但过度兴奋容易让自己沉溺于卡拉 OK 式的氛围中，物极必反。

小潘今年 27 岁，从事销售行业已经 3 年，和刚入职时候的青涩、跌跌撞撞不同，现在的他渐渐适应了这一行的节奏，也积累了一些人脉，但平稳的同时，他也感受到了一丝乏力。

"我们这个行业需要经常刷自己的存在感，平时应酬很多，朋友圈也基本是刷屏状态。没入行那会儿我特别反感这种行为，但后来习惯了，不，我以为我习惯了。结果，我一个好多年没见面的发小说我特别会装，我好像一下子就惊醒了，原来我在别人眼里已经是这样了啊！"

阿涌叔叔在半年前因为活动结识了小潘，彼时那个活动里的小潘打了"鸡血"似的不知疲倦，热络地递名片、要微信，之后逢年过节就发祝福短信。而这一刻坐在阿涌叔叔面前的，是一个安静的、甚至有点儿衰颓的迷茫少年，他不介意地大吐苦水，

也开始正视自己这几年的光阴,反倒是真实了不少。

"你觉得自己装吗?"

"本来不觉得。那天和我发小是谈到了一家很贵的餐厅,我也就是听客户说起过,没能力去消费,发小说了句她去过,我不信,条件反射怼她了,她一生气就指着我说,从我们坐下来开始我谈的都是高档的生活、各种奢侈品、客户奢华的生活……她说我太在意价格了,在意别人的看法,她不喜欢这样。临走的时候,她还指责我挑了个又贵又难吃的餐厅,一上菜就拍照发朋友圈,这些菜根本就是中看不中吃!"

"你朋友虽然说话直了点,但也在理,在我看来,你在营造一种很高端的生活,但那跟你的真实生活相悖。明明不爱吃西餐,但为了所谓的情调选择昂贵的西餐厅;明明每个月为了车子的油费、保险费、修理费苦恼,但跟别人说起的时候还要夸自己的车子配置如何好;明明一个月的工资也就几千,但新出的苹果手机第一时间就要买到并且晒朋友圈……花了那么多代价粉饰的生活,真的不累吗?"

"累啊,但是不这样,我怎么赚钱呢?"

"一天、一个星期、一个月、一年? 不是自己的生活非要在人前伪装,这样的日子你能坚持多久呢? 况且选择你相信你的客户绝不可能仅仅看中你营造出来的东西,你的专业、真诚、细心,才是真正细水流长的东西,才是你可以持续打动客户的资本。"

"现在的你开始意识到自己的生活有些不对了,否则你朋友的几句话怎么可能动摇你,正是因为她揭开了你早就有感觉但不愿意去面对的一些事实! 所以你才会痛苦,会迷茫。"

"为什么会是这样呢?"小潘十分挣扎。

"你刚刚说自己还没做这行的时候,并不喜欢到处晒到处秀，还记得是什么原因吗？"

"假啊，装，还特别烦，太物质了。"

"那你现在给别人的印象不也是这样吗？如果那就是你本来的生活，我想不管是你还是你身边的人都不会觉得别扭，哪怕有人恶意揣测，你也不会放心上，因为你有底气。而你现在之所以心虚，恰恰是因为你心里的不确定。你渴望别人的赞美和肯定，但这都是建立在你刻意营造的不真实之上。"

"就像你在 KTV 里面唱歌，有设备，有润色，有伴奏，还有气氛的烘托，别人夸你唱得好，你也觉得自己唱得好，可是你出了那个地方，还那么吸引人吗？但是专业的歌唱家，不管走到哪里，都是天籁之音，对于他们来说，客观条件只是锦上添花的东西，而非缺之不可。"

"那我该怎么办呢？"

"要想让自己有底气，就必须走出这种卡拉 OK 式的氛围给你带来的短暂兴奋的假象。你要学着沉淀自己，让自己不轻易被外界迷惑和诱导，始终保持清醒，加强自己的职业素养与专业能力，用实力服人。"

"好的，我明白了！"

阿涌叔叔相信你可以的——

职场的卡拉 OK 式氛围会让我们暂时失神，忽略了自己会走音、会忘词，甚至以为自己是歌王。只有当你走出那样"鸡血"式的迷惑环境，才会清晰地重新审视自己，判断自己的能力。要理清自己真正的生活，不要为了迷惑别人去营造假象，否则骗过别人之后让自己都迷失，分不清生活的本来模样，可就得不偿失了。

「想」和「要」是两码事

　　小七工作一年多了，安安稳稳又平淡得没有一丝波澜，平日里工作不累但是也没什么挑战性。最近，她开始有点急了，想寻求改变，正在这时，她遇到了一个同行的前辈——"老贾"。

　　说是前辈，"老贾"今年不过也才 29 岁，还长了一张娃娃脸，讲话也不像其他男同事那么深沉，说他二十出头也有人信。"老贾"这个外号也不是白来的，认识他的人都说"老贾"十八般武艺样样精通，全才如他，自然当得起"老贾"这个称呼。

　　接触"老贾"是在一个饭局，一顿饭下来，小七已经对"老贾"崇拜得五体投地了。明明是做新媒体运营，但他自学了手绘、插画、摄影，最近还在考 MBA。闲聊时，"老贾"说起自己早年为了改掉在人前不敢开口这个毛病，硬着头皮兼职做了一年的婚礼司仪，他说："当你面对着几百个人，甚至上千人能够游刃有余地说话，那你就没什么好怕的了。"他还补充说了自己最近为了练英语口语，常常去酒吧咖啡厅"抓老外"的经历。

　　后来，小七把这话原封不动地告诉阿涌叔叔的时候，眼里还闪烁着崇拜的光芒。

"阿涌叔叔，这样的人是不是很励志啊，不是天才，却为了想变成更好的自己，可以这么豁得出去？"

阿涌叔叔听完"老贾"的经历，却纠正了小七："他不是豁得出去，只是他去'做了'而已。"

"咦，什么意思啊？我也想练自己的口才，让自己跟陌生人讲话的时候不紧张啊，但让我去做婚礼司仪插科打诨我可做不到！"

"那你能做什么呢？"

"嗯……这个，这个，稍微低调一点不行吗，比如说对着镜子练啊，比如……"

"那你对着镜子练了没？"

"嗯……没……"小七尴尬地低下了头。

"所以啊，很多人仅仅是停留在'我想怎么样'的阶段，不是真正地去'要'，又怎么谈去'做'呢？"

"你说的这个人，他身上吸引你的特质就是他敢于去'要'，并且坚定去'做'。为什么同样是练口才，他会选择各种各样的方法去尝试提高自己，而你却嫌这嫌那，从心理上来说，他觉得那对他很重要很迫切，所以他很快就去行动。而你虽然嘴上说着想去做，但你并不是真的觉得一定要去做这件事，可有可无吧！就像最近很流行那个词——佛系！"

"呀，阿涌叔叔您都知道佛系啊？我还以为……"

"以为什么，两耳不闻窗外事，一心只会带孩子吗？"

"哈哈哈！"

"热点也是需要关注的，教育孩子是需要与时俱进的，不然你凭什么觉得我的体验式教育能践行 30 多年依然没有违和感呢？教育方式需要不断更新，孩子也好，大环境也好时刻都在变化，如果我还抱着几十年前的想法坚持那时候的理论，怎么可能做到现在这样呢？"

"有道理，确实需要不断学习呢，'老贾'当时也是说自己不会的还很多，要让自己站得住脚，只能不断学习。"

"能对自己有这些要求的人，必然执行力也就比别人更强，所以他们能更有方向更高效地提升自己。这并不是什么不可企及的天赋，如果你的愿望足够强烈，真正去'要'点什么的时候，你也会逼自己一把，去学习去尝试，哪还有什么心思去想会不会丢脸或者失败呢？"

阿涌叔叔相信你可以的——

在职场中，总有人抱怨："我很想学，但总学不会！"并把自己的不作为归咎于天赋不够。其实，天才型职场人很少，哪有什么生来如此，不过就是后天愿意学习与否的区别。你没能掌握的技能，没能做成的事很多时候是你不够"要"、不够"拼"、没去"做"，是用了臆想去代替行动，仅此而已。

所以不需要盲目艳羡别人的"全能多才"，不妨把这时间用来坚定自己想要什么，并且催促自己做出相应的行动，或许日后你也可以成为他人交口称赞、佩服不已的"大神"。

自以为是的厉害

　　小鸣刚过而立之年，可职场并不得意。可在外人看来，他口若悬河，凡事总有自己独到的见解；面对他人的疑惑，他常能快速找到问题所在，一针见血。他的兴趣爱好广泛，天文地理、时事政治、历史人文，都知道些，平时也愿意去学习充实自己，营养学、心理学、摄影、设计他都学。很多认识他的人都说："小鸣，一鸣惊人是迟早的事。"但毕业也有好几年了，成家和立业这两项，他一件也没完成。

　　"阿涌叔叔，我现在很焦虑，一年一年这么耗下去真的不是办法，有朋友劝我换工作，说以我的能力完全可以去更高的平台，可是……"

　　"可是什么呢？你仍然坚持这份工作的原因是什么，喜欢、高薪，还是有潜力？"

　　"这份工作是我毕业之后做的第 3 份工作，一做做到现在，有 5 年了，感情肯定也是有的，做得也挺顺的。虽然目前薪资和我的工作量不成正比，但我相信老板总有一天会赏识我的!"

"最后那句话,何以见得啊?"

"我老板经常去国外出差,分店的事情基本上是全权交给我了,这算是信任吧!"

"那他给过你什么承诺或者合同上的一些利益分配吗?这几年里,有给你明显的职位上或者薪资上的提升吗?"

"这……这倒是没有。我也想过要不要换工作,但是一下子又不知道该转行做什么。我会的很多,但也很杂,在这里我什么都做,好像会的这些本事还有用武之地。可假如去了别的地方,可能别人就看中我的某一项能力,那不就很可惜吗?"

"无论什么工作,综合能力强的人都是吃香的,可能不同种类的工作会有某一项的侧重点,但不可能只需要单一的能力啊。像我做教育,也不可能只懂点儿书本上的知识,不同科目都要涉猎。做一个活动,需要懂策划、有创意,也要有组织管理能力,包括审美。这些难道不是需要方方面面的能力吗?照你的说法,你会拍照,就一定得去做摄影师?会料理,就一定得去做厨师?"

"倒也不是这么个说法……"小鸣弱弱地回了一句。

"你心里明白,真正的重用绝对不是现在这样。你之所以觉得自己各项技能都得到了发挥,那是因为你一个人同时干了好几个人的工作。"

"但最主要的原因,还是在你身上。别人都说你厉害,你就真的是厉害了?你觉得你会的很多,可这些是不是被别人需要呢?你嘴上说的那些,真的去做了吗?"

一连串的诘问让小鸣陷入了沉默,阿涌叔叔缓和了语气,说道:"我记得去年,有一个项目想找你一起合作,但是跟你对接了一周左右就不了了之了,你知道为什么吗?"

"不知道。"小鸣摇头。

"因为你不断跟我分析利弊，可以从哪里着手，哪些地方要避免，但是说了那么久，你丝毫没有要做的意思。尽管是需要提前分析，但更重要的是去执行。你怕这怕那，那还能做成东西吗？一个项目尚且经不起耗，一家公司呢，你自己呢？"

"唉，我这么差劲的吗？"

"不，你不差，你身上有很多闪光点，你的洞察力很强，反应能力也很快，也有主动学习的意识，这些都是你的优势，但如果不去用，也就算不上什么优势了。我提陈年旧事，无非就是要告诉你，你需要行动，不要做个逞口舌之快的'愤青'，要做一个勇往直前的战士！"

听到阿涌叔叔鼓励的话，小鸣原本黯淡的眼神亮了亮。

"有这么一类人，有天赋，有才华，但不知道该做什么，或者说下定不了决心去做什么，属于'虽然有能力干什么成什么，但我什么都没干，什么也没成'。要相信自己，但不可过于自负。同时，不要太依赖别人的评价，让自己迷失了方向。不管什么时候，做总比想来得有意义！"

> 阿涌叔叔相信你可以的——
>
> 有很多人会因为别人几句话而动摇自己的选择，甚至搭上好几年的光阴。也有人会因为满溢的赞美失去了判断，活在自己和他人共同营造的光环里而不思进取。天赋也好才能也罢，不去行动，就失去了意义和价值。这个世界从来不缺想的多的人，缺的不过是肯去做的人。

定位

《定位》一书中曾提出这么一个观念：定位，改观了人类"满足需求"的旧有营销认识，开创了"胜出竞争"的营销之道。从营销扩展至职场，无论是对于集体或个人，定位都是必不可少的。

只有先弄清楚：你是谁？你该做什么？你能做什么？然后才能更好地开始。

小郭经营着一家造纸厂，创办的初衷是他在国外接触过不少纸样、工艺，他觉得自己所在的城市这一块几乎是空白，预感到这是一个机会，所以引进了一些技术，想潜心做这一块。

然而虽然没人做是机会，但同时也意味着风险——没人懂，没人需要。在经历一个艰难的推广期之后，小郭没能把这种理念普及出去，不得不适应市场，做一些普通的常用的纸品。

又是几年过去，小郭在稳扎稳打中一边熟悉产品、一边也留意拓宽自己的渠道与客户群。在公司初创时一直想要的机会如今真的来了，他接触到了更广的世面、更高的要求，也开始逐渐接受一些定制，产品线往高端方向发展。这时候，他遇到了问题——那就是公司的定位。

"现在高端产品不算我们公司的主营业务，但我确定这是我们未来的发展方向，但是……"从小郭紧锁的眉头，可以看出他的忧虑和无奈。

"担心再一次遇到一开始那样的失败?"阿涌叔叔问出了小郭心里的犹豫。

"唉，一开始是光脚的不怕穿鞋的，什么都愿意试，也敢闯，现在稳定了反而束手束脚的。"小郭自嘲。

"但是你想做，从以前到现在一直如此，不是吗? 况且隔了这么好几年，突然有这样强烈的想法去改变，应该也是有理由的。"

"是的，改变不需要质疑，不进步随时会被淘汰，我有些纠结的是公司目前的定位，现在我们做的东西太杂了。"

"说到底还是信心不足啊，你应该对自己有信心，对自己的公司有信心。你公司目前面临一个转型期，转型期未必一帆风顺，但是正如你说的，安逸会让你当前感到舒服，但这舒服会持续多久呢?"

"转型不是让你一口气吃成个胖子，今天就把昨天的全部推翻，而是在你明确自己定位的基础上，去渗透、去影响然后改变，其实你不也一直在做这项工作吗? 并且现在得到了回应，你应该更有信心才是。"

"能不能做成一份事业，跟很多东西有关，比如能力，你当时能力技术没达到，现在如果都具备了，为什么不试试呢? 再比如环境，多年前你有先进的意识，但是大环境没给你机会，既然能卧薪尝胆这么些年，现在时机成熟了，为什么反而退缩了呢?"

"是的，现在做的这些不是我喜欢的，也不是我最初坚持的。"

"定位不一定是说根据客户群的质量高低来选择,也不一定是你们的规模,而是你想做什么,你能做什么,能做好什么,给客户带来什么。我从事教育行业,但我不是学校、不是培训机构、不是兴趣班,我很清楚自己的定位——体验式教育,所以模式、活动、组织管理都是围绕这一点而来。我花了多久呢?从萌生这一个念头到现在已经 30 多年了,我毫不怀疑未来我依旧坚持这一点。"

"和你一样,我也遇到过困难,从大众完全不知道这个概念,到慢慢接受、逐渐认可,甚至自发为我推广。这是理念的胜利,品牌的价值、产品被接受,我们被需要了。当你确信这些的时候,衡量了自己能力在现阶段能达成的目标,那就不会有那么多犹豫了,大胆去做就是了!"

"你想被别人带着走,还是想带领别人走出一条路,决定权在你手里。"

"谢谢!我明白了。"小郭坚定地说道。

阿涌叔叔相信你可以的——

定位清晰的个人,往往对自己有着更充分全面的了解,目标也更加清晰;同理,定位准确的企业,也更容易坚定地、不受他人影响地、一心一意地做好自己。定位要结合大环境,瞄准客户群,绑定自身的能力,但不意味着要被市场和他人牵着鼻子走。创造大于跟风盲从,突破优于墨守成规,让你的能力配得上你的远见,坚持初心,大步向前走,做自己的领路人而非他人的追随者。

带着职业自信奔跑

　　晏青公司出了一款新产品，她觉得很不错，便分享到自己的朋友圈，还有一些常联系的群，包括一个大学同班群。谁知收到了这样一条回复："你这是什么意思？"晏青一下子有点儿懵，紧接着下面就有人跟着议论："这东西有没有人用过啊""价格有点儿贵啊"，当然也有人帮着晏青说话的，但她都没听下去，就默默退出了群聊。

　　带着一肚子的委屈和难受，晏青找到阿涌叔叔倾诉。

　　"一开始是为什么想发这个东西呢？"

　　"因为觉得产品好啊，我自己用过，确实不输大牌，合作的生产厂家也很有保障，而且现在新品发售有力度，很大的折扣，以后再买就不是这个价啦……"

　　"那你为什么不对他们说呢？为什么不解释呢？"

　　听到这个问题，晏青突然就沉默了，显得有点儿局促。

　　"你会经常在自己的生活圈里发跟自己工作有关的消息吗？"

　　"以前不多，现在多了点儿。"

"那你喜欢自己现在这个单位和工作吗？"

"喜欢的，我们的产品真的没话说，用过的都回购了。公司虽然小，但的确是很认真在做事的公司！"

"我注意到你刚刚用了'我们'，你应该是从心底里认可自己现在在做的东西，但是你的职业自信还不够。"

"你目前的状态是什么呢？喜欢这份工作，或者说认可这份工作，有想把它发展成事业的愿望，但目前还停留在工作层面上。所以你会犹豫、会纠结，别人一旦提出质疑、批评，你会心虚或者逃避。"

"那怎么办呢？我想做好这件事。"

"建立职业自信，你首先得有扎实的知识和技能，对自己的工作有足够的了解，这样你在和别人交流的时候，不至于词穷；其次，你要让自己足够强大，被质疑被否定很正常，因为别人不了解你，那你是选择退缩呢，还是去争取和解决呢？是想被别人牵着走，还是大步走在前面？你自己选。"

"肯定不想被别人牵着走啊！"晏青大声回应，继而声音又弱了一个度，"是跟我性格有关系吗？我不是很自信。"

"自信是一个笼统的词语，我们国家倡导文化自信，对于整个国家、整个民族来说，我们要自信。那么延伸到职场，就要有职场自信。一方面职场自信来源于你所在单位对你的培养和熏陶，一个强大的单位是能够给员工这种信心和骄傲的。就像你一开始说的，你们产品很好，这是催生你主动去宣传这个产品最根本的原因。还有你们公司的文化，是务实上进的，这也会给员工以安全感和信赖感。"

"当然，还有你自身的原因。有些人羞于告诉别人自己的工作和单位，觉得可能公司规模不够大、名气不响亮、自己的职位不高、待遇不是特别好……当你真的投入和热爱这份工作的时候，其实你不会在乎这些东西，但你什么时候介意了呢？就是在外界提出质疑的时候。"

"是啊，原以为我已经了解很多，也经历很多了，但还是会在意别人的眼光。就像以前上学，总会仰望成绩前几名的同学，觉得他们就像天之骄子一样，自己怎么总是不行；在生活里，亲情、友情、爱情，我也好像永远有些胆怯，害怕被拒绝、被责怪，如果别人都指着你说'你错了'，你甚至不会去想一想到底是哪里出了问题，就默认了。"

"归根到底还是不够自信，但不用急，一步一步来。你看看那些拥有职业自信的人，其实有一些共同点，比如他们坚定信念，目标清晰，内心强大。想要别人认可你，你首先得认可自己。"

"即使还不够强大，也可以走出去，多看看，有经历才会有成长。"

阿涌叔叔相信你可以的——

　　热爱事业与拥有职业自信是相辅相成的，职业自信可以让人更从容、更专业、更有底气地打拼事业；而你对事业执著的坚守也会让你不断提升专业素养，强大内心。然而在职场中，往往很多人不具备职业自信，或是还没有充分具备职业自信。这样的人往往羞于向别人介绍自己的工作、公司和产品，容易对自己当前的工作产生不满、消极的情绪，或是容易被外界的评论影响自己的立场，对公司、工作以及自我，产生怀疑。

　　当然，职业自信不等于盲目推销，甚至给他人洗脑。它是建立在正确的观念基础上，具备了专业的素养和道德素养之后，所传递出来的能力与气场。

爱情与事业

有人说，爱情与事业就像鱼与熊掌，不可兼得；也有人认为两者配合默契就可以相辅相成，互相促进，缺一不可。谁都希望是后者，但如果有一天不得不面临选择，你怎么办？

小蒋工作比较稳定，她的男友则是全国各地跑，平时虽说是异地恋状态，但两人从同一个地方出来，认识多年，感情也很好，很快就到了谈婚论嫁的地步。

自然就碰到了买房的问题，男方提出要在他公司总部那个地区买房，因为相对来说他一年在那里待的时间最久，且这个城市房价不算太贵，买房压力会小点儿。但这就意味着小蒋需要离开自己现在居住的城市，放弃自己现在的工作，去往男朋友的城市，刚刚升职的小蒋有点儿犹豫。

"我现在在上升期，工作做得也很开心，也很喜欢这座城市，如果早个一两年提出来要我去他的城市，我肯定义无反顾，唉……"小蒋向阿涌叔叔说出了自己的烦忧。

"这件事没得商量了？全部是你男朋友做的决定吗？"

"他是在和我商量，但我去他那儿的可能性更大，毕竟他说的也有道理，男人事业心重嘛。"

"那你的事业心呢？你觉得爱情和家庭更有可能占据你未来的中心，还是事业？"

"我以前觉得工作没了可以再找，但是感情这么多年我不想放弃，遇到自己喜欢的人不容易。如果非得要选一个，找一个共度余生的人应该更重要吧！"

"既然做了选择，为什么要加个'以前'，为什么要坐在我面前烦恼呢？"

听到这里，小蒋苦笑："我们一毕业就分隔两地，因为他的这种工作性质，即便我们以后结婚，一年也见不了几次。他不在的时候，我什么都得自己扛。有一阵子我很迷茫，觉得自己很孤独，像所有异地恋的人一样，觉得仿佛是一个人在谈恋爱。后来，我找到了让我燃起斗志的方式，那就是工作。我做出来的每一份成绩都是实打实的，付出多少，收获多少，这让我安心，也让我觉得即便他不在我身边，我也不会感到空虚。"

"既然你们以后也未必能经常见面，而你介意的也不是两个人无法朝夕相处，那么为什么不选择在你工作的城市定居呢？"

"唉。"回答阿涌叔叔的只有一声叹息。

"选择你自己做，我不想给你任何建议增加你的烦恼，但我要提醒你的是'无论选择哪里，都不要丢了自己的事业、骄傲和原则'。两个人的感情，未必要势均力敌才能长久，至少是彼此尊重与理解的，谁付出多一点儿都没关系，但这份付出是建立在对方看得到并且认可的前提下，是建立在付出者心甘情愿的前提下，而不是妥协和委屈。"

"去年有个女孩来找我，她跟他丈夫学生时代就在一起了，毕业之后女孩考上了市区的老师，而她当时的男朋友在临市一个小县城工作。不管从工作条件还是发展前景，都是女孩优于男孩的……"

"然后呢？发生什么了？"

"男孩觉得自己家乡什么都好，不愿意离开，告诉女孩市区里面竞争压力大，很难出头，让女孩跟他一起在县城，随便找个工作。女孩同意了，但她父母意见很大，觉得委屈了自家闺女。婚礼当天两家人就闹，还没到一年了，俩人已经在闹离婚了。你觉得问题在哪儿呢？男人的大男子主义？"

"他们两个不对等，女孩的付出男孩看不见，甚至觉得理所应当，或者说在这段感情里，男孩考虑的是他自己，而女方显然更看重感情，甚至为此牺牲了自己的事业。两个人在意的东西不一样，得不到对方认可，也得不到周围人的理解，所以很容易出现问题。"

"如果把自己全部的希望和情感寄托在别人身上，一旦未来出现变故，你就可能会受到很大的伤害。永远不要把自己毫无保留地交出去，有自己的坚持，有自己的骄傲，这很重要。"

阿涌叔叔相信你可以的——

在爱情和事业出现两难时，先想清楚什么对于自己而言更重要，爱情和家庭是你坚守的未来，亦或者事业才是你追求的未来。如果能够平衡好两者的关系，兼而有之，自然是皆大欢喜。但如果需要权衡，选择自己更需要的。

不想只当单位的螺丝钉，那你想当什么

阿灰事业有成，不惑年纪已经担任公司的副总一职，但他最近却带着烦恼找到了阿涌叔叔。

"我的单位很好，无论是工作环境还是薪资待遇都没什么可挑剔的，但我觉得自己就像里面的一颗螺丝钉，很渺小，按照整个公司的流程运转，这样真没什么意思。"

"觉得不够自由是吧?"阿涌叔叔问道。

"或许是吧，没办法随心所欲做自己的事，有点儿被牵着走的感觉。"

"那我要告诉你，无论是谁，不管哪个时间段在哪里，就是单位的一份子，就是要和公司一起运转的。就拿一个人来说，耳朵是耳朵，鼻子是鼻子，在什么部位承担什么功能，要是这些都没了，不就是个肉球了吗? 再说即便是肉球，内里还有骨头、细胞呢! 什么是整体，整体就是不同局部共同组成的表现。"

"你干嘛说得那么透呢?"阿灰讪讪地说道。

"然而事实就是如此，即便你脱离这家公司，一个人单干也不可能自己就是一个整体。"

"你似乎把问题描述得很纠结很苦恼，但抛去那些修饰，或者说你自己都描述不清的东西，本质上就是你干着干着疲倦了，或者说你活着活着是不是对人生思考过头了，还是失去了思考。"

"怎么说？"

"你进一个单位，从基层打拼到现在这么高的位置，是为了什么？"

"我们这一行没有我们这个国家特色的东西，我希望能结合我们的传统去创造，而不是仅仅学习其他国家。"

"这可以说是初心甚至信仰了，那现在还有吗？"

"我一直记得，但是就像我一开始说的，没有自由、机会去做这件事，公司接什么单子，怎么去做，我还没能干预这么多。"

"人在不同阶段，想追求的东西也不同。刚工作时你可能得考虑温饱、升职加薪，到你现在这个阶段了，你已经拥有你 20 岁想要的东西了，那么这个阶段你要追求什么？你得想想，失去目标和热情就会像你现在这样，茫然焦躁。"

"或许吧，现在想做点儿有意义的事，至少是能让自己开心，觉得值得的。"

"那你或许可以回想一下你的初心，考虑要不要捡回来，怎么捡回来，然后自然而然就能得出答案怎么继续现在这份工作了。有些人不管不顾的，因为一下子的冲动就放弃了现在的安稳，毫无准备就去尝试自以为的闲云野鹤的生活，我不建议这样。但如果你确定当下的生活不适合你，有一个明确的目标去追逐，那么有所取舍是必然的。但不管做什么样的选择，都不可能一帆风顺，快乐不会从天而降，想要的生活要靠自己一手去创造,明确这一点再去行动。"

"嗯,我再想想吧,现在反而顾虑很多,没有 20 来岁不顾一切那种勇气了。"阿灰自嘲。

"如果 10 个人里 9 个人都是这样,你可以选择做那个唯一的,随大流不是你唯一的选择。你既然想着当唯一,却又没有那份孤勇,自然就会不舒服,而这不舒服跟别人无关,恰恰就是你自己造成的。"

阿涌叔叔相信你可以的——

在同一家单位里工作久了,或多或少会经历一个疲软期,没有刚工作时的激情,没有提出质疑的勇气,而是选择用逆来顺受减少麻烦。又或是经历一个转型期,职场目标发生了变化,但是意识、心态和行动没有跟上,无所适从。面对这些,可以对不可抗因素暂不考虑,但是能做的也有很多,比如不要放任自己长时间陷入这种焦灼、颓废的情况,尽快明确目标,找准方向去调整自己。此外,不要轻易割裂自己与集体的关系,个人与团队不应该是依附与被依附的关系,更不是互相牵绊、不给自由,而最好是互相促进,一起变强。

和 20 岁的你对话

　　阿赫前几天去听了一个行业大佬的分享会，感触颇多，对于他这样一个刚入行不久的新人，很多观点都很有启发。尤其是提问环节结束之后，他想问的更多了，却苦于没有交流时间了。恰巧隔天他又在大学里听了阿涌叔叔的分享，便在活动结束后逮住他把自己的疑问问了出来。

　　"我注意到你们分享的时候基本都是在谈自己做的事，想做什么，做成了什么，很少谈遇到的挫折或者不如意。但是举手提问或者后台询问的人，往往会问一些特别细节的问题，尤其是在从业或创业过程中的遇到的麻烦，小到不知道怎么应付客户，大到不知道以后何去何从，是站的高度不一样吗？"

　　"高度倒是谈不上，可以理解为不同阶段追求的东西不一样，那么在意的也就不一样了。"

　　"刚从业和创业的时候，更多的是处于一张白纸的状态，会好奇、会冲动，会义无反顾，也会遇到各种各样的问题。迷茫、苦恼是正常的状态，因为迷惑所以想求得一个解答，哪怕是最简单的问题,比如为什么我这单没有做好。当你试图去发现问题、解决问题的时候,本身就是一个好的状态,不管你是通过什么样的方式。"

"可我总觉得有些问题问得没有营养,或者说靠着这样去问真的能解决自己的问题吗? 难道不是自己去探索更有效吗?"

"你是想说这样算不算投机取巧是吧?"

"嗯嗯。"阿赫点点头。

"如果你确实觉得解决了自己的困惑或是有一些启发和提点,那于你而言,就是好事,然而适不适用于每个人,不好说。寻找答案的方法有很多种,有些人从书上,有些人从别人的经验里,也有人通过自己的实践,殊途同归嘛!"

"也是,我可能想太多了。"阿赫挠挠头,有点不好意思地说道。

"但是一味寄希望于别人肯定是行不通的,每个人遇到的问题不一样,照搬别人的思路和模式,却不明白为什么要这么做,是很难继续下去的。"

"嗯,我看那天分享的那位老师也好,你也好,都提到了创新和创造,你们是一直往前看的,但可能像我这样的,被每天的琐事纠缠得没有心思去想明天。"

"不同阶段会遇到不一样的问题,我从你这样的情况走过来,我已经解决了你当前遇到的问题。在你看来,我可能有了更多的自主权,但我依旧会遇到新的问题,面临突如其来的意外和挑战。所以,我不会把太多时间和精力放在担心会不会有意外情况出现,会有哪些意外情况发生? 遇到了就面对,没有什么过不去的。"

"所以不同年龄段有不同的疑惑,都很正常,如果让我跟 20

岁的自己对话,我想我也不会阻止那时的冲动,不会干预那时所有的经历。就算当时的我走了很多弯路,有过一些现在看来幼稚甚至有点儿笨的举动,那也没什么不好。认真做好选择,并且在接下来的日子里坚持自己的选择,一定要清楚自己要什么。"

"对哦,体验式教育这个概念就是你提出来的,可是之前没人做过,你是一开始就知道自己要怎么做的吗?"

"当你去创造一个概念的时候,它一开始只是个概念,通过你的行动不断去具象它,完善它,这是我可以一直去探索的事情,也是让我觉得充实和幸福的事情。其实每一行都是这样,这是一种职场的状态,也是一种生存的状态。有些人过着过着就把自己过没了,有些人过着过着停留在原地,还有些人是通过改变和学习,在一直不停往前走。"

阿涌叔叔相信你可以的——

职场的不同阶段会有不同的疑惑和追求,不需要想着怎么去复制别人,也不必非拿着别人的履历做参照,享受每个时刻的自己,并且时刻明确自己的目标。通过改变和学习,让自己变得更优秀强大。

快毕业了，是考研还是直接就业

这个问题，每年都有很多学生来咨询阿涌叔叔，除却具体情况描述稍有不同，困惑、迷茫和焦虑，几乎是这些学生在提问时的共同之处。佩文读大学三年级，本科的学校并不是 985、211 之类的名校，专业也是高考时调剂的，听说本专业就业率并不太高，周围的人纷纷选择考研或是考公务员，她便也在心里起了这个念头。但是考研毕竟有风险，如果考不上心仪的院校，或许对于就业的结果来说依然是一样的，还得多花上几年读书的功夫。有不少认识的学姐学长就是这样，读完研究生选择的工作和本科毕业出来差不多，想到这里，她又踌躇了。

"你对未来想从事的职业有规划吗？想过从事哪方面的职业吗？"阿涌叔叔问。

"本专业的工作吧，其他我也没想过，但好像我们这个专业要找到好工作并不容易……"

"你并不是非常肯定未来要做什么，什么是你的理想，所以很容易动摇。这是问题的根，我建议你先解决这个问题。"

佩文低头不语，阿涌叔叔继续说道："其实你大概的方向还是有的，考研对你来说，最终目的是为了更好地就业，对吗？"

"是的。"

"搞清楚考研的目的很重要，有些人考研是为了学术追求，想继续深造；有些人考研就为了让履历更出众，便于增加就业机会。你属于后者，这没有问题。但有一类人，是为了逃避进入社会，借考研来搪塞自己的迷茫，不敢面对未知，不想逃出自己的舒适圈，这样的情况下，我不会建议考研。"

"基于为了更好地就业，你可以选择考研，但我要提醒你的是，考研跟你的职场生涯没有多大关系，未来能让你在职场站稳脚跟的，一定是你的业务能力、处事方法、工作态度、智商、情商，等等，而不是你的研究生学历。所以考研只是在某个阶段或许能增加你的专业知识，能让你的简历更好看一些，在 HR 挑选的时候能多看一眼，仅此而已，而且这并不是必然，毕竟还有那么多研究生、博士、海归跟你一起竞争。"

"在搞清楚考研不是万能的，也许并没有你想象的那么大的作用之后，你就可以摆正心态对待考研了。所谓你学姐学长等过来人说的你们专业就业难的这些说法，我认为你不需要太当真，更不要因此恐惧，因为你还没自己尝试过，而且每个人对于'好工作'的定义不同，别人的经验未必适用于你。"

"再来谈择业，你们似乎都有这样一个误解，把出学校找的第一份工作看成会影响终生的决定性因素，但很大程度上这并不会成为你此生唯一一份工作。好多人毕业之后无限憧憬、过五关斩六将才应聘成功的公司，也许进去不到几个月就因为和同事不合、看不惯领导作为就辞职了。"

"你要记住，你的职业生涯很长，比你在学校的时间还长，没有什么是一成不变的，别人口中的铁饭碗未必是你可以坚持一辈子的。最大的变数，同时也是决定性因素，只有你自己。"

"竟然是这样的吗？"

"用学生思维去看待未知的社会，本就经不起推敲，如果你曾有过一点点儿兼职经验，你就该知道出了校园和在校园根本就是两码事。你现在的不知所措和恐慌是空穴来风，你还未尝试过，为什么就害怕失败呢？"

"似乎是这样的，高考的时候也很心慌，觉得考什么样的分数选什么样的学校和专业简直是天大的事。后来成绩出来了，很长一段时间接受不了自己考得不好，没有考上好学校，羡慕那些进名校的同学。可是在大学校园一久，跟身边人一起上课、吃饭、学习、娱乐，又渐渐习惯。等到了这个阶段，要面临就业，那种恐慌又来了，害怕自己一事无成，以后成为没有用的人，害怕现在这种平衡的生活被打破，担心以后过得还不如现在怎么办？"

"害怕除了源于未知、无知，还有可能是因为你想得太多而做得太少。你担心就业不好，担心考研无效，担心选择的不利，担心未知的未来，却不愿先去尝试。我遇到过很多来跟我咨询到底是选考研还是考公还是找企业投简历的人，可假如真正想考研的人，连一套试题都没做过，连要报考什么学校都不了解，连对自己能考多少分都心里没数的话，又有什么资格对着别人一本正经地谈自己的担心呢？"

"考研和工作的结果，并不是像你简简单单说出口一样，你问我该选哪一个，结果可能是你哪样都做不到。你做选择之前，是要有资本的，比如考上研究生的水平，比如找到一份好工作的能力。你现在已经提前在担心你所不具备的东西，是不是操之过急了呢?"

看着佩文愈发沉默的样子,阿涌叔叔缓了缓说道:"虽然你今天来找我,但我更希望你是已经在选择之后,实施的过程中遇到了麻烦,再来找我要点儿意见。而不是像现在这样什么也不清楚,什么也没做,却来问我要个答案。"

阿涌叔叔相信你可以的——

我国考研人数几乎每年都在阶梯式增长。而考研热的背后,有就业环境严峻、就业压力大的原因,还有就业新观念的刺激。不少学生主动选择考研,也有人是被动选择。

在面对考研还是就业的选择上,阿涌叔叔有几点建议:

明确考研的目的——是为了学术追求、继续深造,还是单纯为了简历加分、促进就业?如是前者,那么心无旁骛地学习自然是首选;如是后者,考研未必是唯一的选择。不过,一旦选择了,就坚持到底。假如想通过考研来暂时躲避进入社会,可最终你还是会离开象牙塔。一味逃避只会让你失去更多机会和可能,未来会走得更艰难。

就业与考研之间并不存在必然因果关系——影响就业的原因很多,决定你是否能找到一份好工作,并且一路升迁的因素更多来源于你自身的能力与素养。进入到企业之后,老板会更在意你能为公司创造什么,而不是你曾经的成绩单和学历。当你的简历不断翻新,留在上面的只会是你曾经的工作经历、做出的成绩,而到最后,你个人的工作能力会代替这些书面的东西,成为最好的简历。

在职场：想明白就够了吗

"我妹妹刚跟我吐槽，她的同事整天让她转发一些抽奖链接，还有什么砍价商品信息，她都快郁闷死了，用她的话来说就是'有省这几块钱的功夫，为什么不多学点儿东西让自己更精进一点儿'，小丫头一本正经的样子笑死我了。"阿离笑着跟阿涌叔叔分享这件趣事。

"她说的不挺有道理的。"

"但我觉得她说的有点儿严重了，抽奖点赞不就是商家的套路吗，有些顾客就喜欢这样啊。不然每个物品的呆板板固定价格，也没有任何促销，岂不是很无趣，最近那个很火的锦鲤活动不就是这样吗？"

"这是一次成功的营销，但是狂欢过了，大家还是要各自好好生活的。这些活动啊促销啊，凑凑热闹就好，不要以此为生，把全部的精力投进去，就无可厚非。"

"是啊，我身边也有不少玩这些的人，但他们也是认真工作、有自己想法和事业的人，所以这两者没有必然的联系吧。"

"有些人能够很好地平衡生活与职场的关系，娱乐是娱乐，工作是工作，没必要因为一些行为定义一个人，人本来就是多面的嘛！"

"我妹妹是很积极的人，她很多时候想得挺超前的，还在上学的时候已经在谋划自己未来的工作了，可比我有计划多了。所以我能理解她看不惯那些她觉得很无趣，没有意义的东西。但是以我这几年工作下来看，实际接触的，很多东西和想象的是不一样的。"

"想得明白和能不能做得明白是两回事，在现实生活中，明白的行动是更重要的。"

"哦?"阿离有些不解，等待着阿涌叔叔进一步说明。

"有些人看上去想得透彻，你跟他交谈交往，觉得他很有想法，但是一旦让他落实到行动中就完全不奏效，也就是我们常说的纸上谈兵。因为想法这东西，你可以通过看书、学习、自我感悟产生。有些人天生理解能力强、悟性高，但如果要入世，更重要的是实践。"

"这让我想起一句话，'听过很多道理，却依然过不好这一生'。"

"道理始终是道理，如果没有经过过滤，没法适合你，始终不能为你所用，那又有什么用呢?"

说到这儿，阿涌叔叔和阿离分享了前不久做的一次成长训练，对象是一个年轻人，懂得很多，又有想法，对事情的看法有着远超同龄人的见解，但是他却不快乐。他觉得没办法和同龄人愉快地沟通，别人理解不了他，为此很痛苦。

"你觉得跟我聊得来吗? 我能理解你吗?"阿涌叔叔问他。

那个年轻人点头。

"但你不能完全理解我，也就是说我能懂你想诉求的那部分，但我想表达的还有很多是你无法理解和想象的。因为你的很多想法是架空的，而我又有很多你没经历过的阅历和经验。如果你一直这样停滞在现在这种状态，明年、后年你再过来，我们的距离会越来越远。"

"人生是有长度的，它不是这一刻、这一阶段就能定性的，不要拘泥于现在。你看事情透彻很难得，但那又怎么样呢？如果不去做的话，这些想法只能停留在理论层面，最终就没意思了。看得明白不如明明白白去做，有些人心思简单，不懂那么多大道理，但是他们踏实肯做，就能收获幸福和快乐。"

"我们每个人都希望幸福，那么就去找一条能让自己拥有幸福感的路，踏踏实实走下去就好。金屋银屋，或是木屋草屋；山珍海味，或是一蔬一饭，你觉得好的，才是真正属于你的。就像我们江海少年爱心小使者团每两周的周三会去特殊教育中心，孩子们去陪伴盲童一个多小时，一次两次可能没什么，但到今年，已经坚持了 13 个年头，那就不一样啦！对于爱心小使者、对于盲童、对于每一个参与的人、每一个见证的人，那都是有意义的。"

"因为他们做在前面，而不是想在前面。"

阿涌叔叔相信你可以的——

生活中想得明白的人不少，但愿意付诸明白的行动的人更为难得。理论可以近趋完美，但是现实的体验有很多不确定性，因此造成很多人"懂得很多道理，却依然过不好"。要积极地行动，不拘泥于想法，不断学习，不断成长，获得内心的充盈和富足。

主动学习，
逼自己一把

一趟只能用 10 元的旅行

一凡的父母都是白手起家的商人，但在儿子看来父母经营的传统行业正在走下坡路，作为金融系的高材生，他自诩未来必定超过父母，能在新兴领域闯出一片天。而父母却觉得儿子有些不务实，希望他继承家业，双方之间的矛盾不断升级。出于无奈，父亲托人找到了阿涌叔叔。

父母的心结，阿涌叔叔很快解开了，最终父母答应不再干涉儿子将来的选择。而看着一旁心高气傲的一凡，阿涌叔叔知道光靠口头说是不会起到显著的效果的，而且显然父母瞒着他把他带到这里的举动，已经让一凡反感了。

"你愿不愿意参与我的一个体验活动，接受一次挑战？"

"好！"一凡爽快地答应了。

规则很简单：一凡需要在 90 分钟内完成拍摄包括南通珠算博物馆、Vogue 时尚街、中华慈善博物馆、陆洪小镇布兰莎·全屋定制这四个地点为背景的自拍照片并了解指定地点概况。同时，在完成上述任务的过程中，完成一项自我设计的公益项目。

整个行程只有 10 元经费。

几乎是在一听完规则,一凡就在手机上设置了倒计时,很快就定下了采用公交出行的方案,并通过手机查询路线以及询问路人定好了路线,风风火火地就出发了。为了能更好地观察一凡的情况以及后续体验活动的开展,阿涌叔叔安排了一位成长导师陪同他,并建了一个微信群,让一凡的父母也可以看到儿子的表现。

前两站打卡都十分顺利,但到了珠算博物馆这一站却因为不熟悉当地情况,比预期耗费了更多时间。离规定的时间仅剩下 20 分钟,公益活动还没有设计,利用公交完成最后一站似乎时间上也有些紧迫,一凡面临两难选择。

一凡没有浪费太多时间去纠结,他看着眼前较多的人流量,还是选择先完成公益活动。他预想的是帮忙发送传单,扶老人过马路,或者在公交车上给人让座,但不知怎么,这些再寻常不过的事情,一件也没有发生。最终,他帮小卖部老板卖出了两瓶矿泉水,勉强完成了任务。但是活动时间也快到了,还有一站没去,任务注定要失败。微信群里,阿涌叔叔直接告诉一凡让他放弃,而一凡妈妈心疼孩子,发了个红包让他打车前往最后的目的地。攥着手里最后两块钱,一凡还是坐上了通往最后一站的公交车。

最终,他超时半小时完成了任务,感受到挫折的一凡有些闷闷不乐,但阿涌叔叔却仍然恭喜他完成了任务。

"你有足够的韧性和毅力完成了任务,即便遇到了困难和诱惑,旁人的不理解和不信任,你依然顶住压力,最后来到这里。比起很多人直接放弃,你的坚持尤为可贵。"阿涌叔叔首先肯定了一凡的优点。

"在一开始布置任务的时候你的脑筋动得很快,做决定没有拖拉,成长导师全程跟着你也是这样的评价,这是你的优点。一个男孩子,果断而有主见,是优势;当然如果用得不好,也会成为你的致命伤。你这一次恰巧就是缺少了统筹规划和思考。"

"你本可以在出发前更加细致地规划一下,比如 plan B、plan C,你只给自己定了一条路,并且没有考虑过可能出现的意外,而事实是就是有那么多突发状况。这在你以后的职场历练中,尤其需要注意,果断和鲁莽只在一线之间。"

"嗯,我明白了,确实是我欠缺考虑,我只想着时间不够,想尽快完成,却忘了磨刀不误砍柴工这个最基本的道理。"一凡此时已经静下心来,开始主动分析自己的问题了。

"另外,你的思维存在严重的局限性,谁说我给你 10 元的经费,你就只能用这 10 元去完成任务了?"阿涌叔叔神秘地笑道。

"啊?"一凡一下子愣住了。

"如果我告诉你,我计算的 10 元正好坐公交全部花完,并且绝对不可能按时完成任务呢?"

一凡是个聪明人,瞬间领悟到阿涌叔叔的意思,"你是说我应该选择打车,而且应该用这 10 元去赚足打车的费用,这个考验一开始考察的就不是路线的规划!"

"是啊,既然你的愿望是要涉足商业,那这点弯都转不过来怎么行呢?你说你父母太传统,可是你的思维不也是局限在传统里了吗?"

"其实公益活动也是的,虽然扶别人过马路、让座是公益活动,但你却忽略了身边更多随处可见的公益活动。"

"是啊",一旁的成长导师提点道:"在你做公益任务遇到瓶颈的时候,阿涌叔叔授意我帮你一把,还记得我在公交上抽烟并且刻意扔烟头吗？其实你当时如果制止了我的行为，不也是一种公益行动了吗？"

"哎呀！"一凡拍着自己的脑袋，后悔不迭，竟没能想到这些巧妙地点。

冷静下来，一凡感慨："因为思维定式，这10元钱在我手上还是10元钱，我没有能够将它的价值进行放大，在金融行业，如何通过灵活的思维将现有的财富价值放大，是一个非常关键的问题。我学到了，以后也明白自己的学习之路还很长，谢谢你，阿涌叔叔。"

"不必谢我，我没做什么，你自己领悟到的东西才会真正属于你，但是你真的要感谢两个人，就是你的父母。我想你也看到了，妈妈给你发红包也好，想帮你完成任务也好，都是出于本能的心疼和关心，这是别人不会为你做的。他们不希望你自己在外打拼，想让你更顺利地生活，也是出于对你的疼爱。我并不赞同他们的过度保护，但你应当理解他们，不要苛责爸爸妈妈。"

听完阿涌叔叔的一番话，一凡的眼睛有点儿湿润，他一直觉得自己的父母思想落后，没办法理解自己，其实自己何尝不是如此呢？

职场和家庭，本就是身处其中的人，需要不停学习的重要课程。

装水的容器

人越长大，经历就会越多，思想也更成熟，但随之而来的是想象力和创造力的衰退。可无论是对于一个企业、一个行业，从整个职场到职场中的个人，能拥有想象力和创造力都是绝对的加分项。如何判断自己是否拥有这些能力，以及如何保持与提高，或许天翔的故事能给你启发。

天翔是一名大四学生，人很踏实但也有点儿固执，做起事来一根筋，只会照本宣科，完全不懂转弯。这一点在学校里倒是很受用，但一到企业实习，就处处碰壁。也正是因为他的死心眼儿，他压根儿不承认或者说发现不了自己的这个问题。于是，阿涌叔叔便为他特意设计了一个体验式教育活动，来帮助他。

阿涌叔叔给了天翔 10 元钱，让他制作三种不同的容器来装水，在至少装满小半桶水的前提下，水装得越多越好。

天翔首先想到了楼下的小卖部，他的首选是买个桶，但是一看售价，最便宜的也要 11 元，直接超出了预算。他拿着手中的 10 元纸币，琢磨着既然要做三样，那每一样平均花费是 3 元左右。于是,他开始寻找这个价位的容器,最后,他买了一小袋一次性纸杯和两个颜色不一的刷牙杯。其实总价还是稍微超出了一点儿,但小卖部的老板娘大方地把零头抹去,天翔勉强购齐了东西。

拿着这些物品来到阿涌叔叔的办公室,天翔刚准备装水,阿涌叔叔便直接阻止了他,并说道:"你的任务失败了,你买的都是现成的容器,没有完成'制作容器'这一要求。"

"制作,要怎么才算制作?"天翔仍是不解。

阿涌叔叔随手拿起桌上的一张纸,卷成漏斗形,用胶带简单地粘合,便做成一个装水的容器,装水量直接超过了天翔买的任意一个杯子。

"哎,我要是买了胶带,把这些一次性杯子粘起来,不就可以完成任务了吗?"天翔懊恼道。

阿涌叔叔听了,没说什么,只是让天翔把东西带回去,试试看能不能把任务完成。

当天夜里,天翔就给阿涌叔叔打电话,他倒腾了两个小时,最终也没制作好容器装满小半桶水。他计划用胶带把杯子粘起来,试了很多种排列组合,最后只有六个杯子能勉强承受住装满水还不分离,但是并没有达到装半桶水的容量。

看着天翔发过来的照片,听出他急切的语气,阿涌叔叔都能想象到他是怎样跟一堆杯子较真的,忍住笑意,他和天翔约定两天后帮他解决问题。

见面那天,天翔也是愁眉不展的,一见到阿涌叔叔就主动说起自己在家想了两天,也去附近的超市和小卖部看过,却没想到解决的法子。当天正好有表达训练课,阿涌叔叔就直接给孩子们布置了相同的任务,让他们去完成,并邀请天翔一起等待结果。

比天翔预计的时间还要短,大约十几分钟后,孩子们基本上便完成了任务,有的孩子买了纸和胶带,自己动手做容器,这和阿涌叔叔当时在天翔面前演示的异曲同工。天翔当时只是简单地认为阿涌叔叔是在强调要粘起来制作,却没曾想过纸就是最好的材料。至于纸薄的问题,多拿几张加厚不就行了?

也有孩子直接去小卖部和老板要了一些塑料袋,用绳子简单一串,立马装了一桶水,一分钱也没花。更绝的是,有孩子买了一卷垃圾袋,不用展示,天翔都知道这妥妥地就能完成任务,甚至还超额了……

还有孩子直接去社区借了几个大型垃圾桶,对,就是小区那种常见的巨大的垃圾桶。阿涌叔叔认可了他们的创意,但也拒绝把垃圾桶搬上楼,毕竟这味道……

孩子们完成任务之后都兴高采烈的,而一旁的天翔仍陷在巨大的震惊中,一时之间,他的心情很复杂。

阿涌叔叔走到他身边,随意地说:"这就是我喜欢和孩子一起,喜欢体验式教育这份事业的原因,他们身上总有用不完的创意和智慧,扪心自问,我们大人未必能比这些孩子做得好。"

"是啊,我看到孩子这些稀奇古怪的想法,一开始是惊讶,但是静下来想想,也不是什么难事,他们想问题的特点是把复杂问题简单化,而我好像总是有各种担心,反而约束了自己。"

"是的,所谓的任务和工作,完成它并不是只有一条路可走,我们要学会找到一条尽可能简单的路,就像你要去一个地方,路上有块石头,如果一个人搬不动,那为什么不找别人合作,甚至换一条路换一种出行方式呢?"

"你工作的时候,总是纠结怎么样去做事,但你忽略了如何简洁高效地完成目标,而这个结果恰恰是你上司最注重的,不是吗?"

"我……我确实太爱钻牛角尖了,我以为别人会看到我做了多少准备和工作,但往往事情做得比别人慢,还让自己特别累。"

见天翔主动承认了自身的问题,阿涌叔叔便不再揪着这个点,而是给了他一些建议:"越长大,想要培养、保持创造力和想象力就越难,但我们不能因为难就放弃,这是挑战,同样也是拉开你和别人之间距离的机会。遇到困难的时候,有时候多想想,不要一股脑儿就去做。再不济,多问、多和别人商量也是好的。很多人都疑惑我们这里的表达训练课怎么能创造出那么多不重复的体验式教育活动,因为我们每周都会头脑风暴,我也经常会带着他们去大街小巷转转,看看能不能找到灵感。总是窝在自己的一小方天地,思维肯定也就局限在这儿了,所以当你有了意识去发现和探索的时候,自然不缺点子。"

"当然,适度思考不能变成思虑过多,孩子们今天的执行力也值得我们去学习,否则光顾着想,别人都把事情做完了,还有我们什么事呢?"

"嗯,明白啦! 这次我肯定回去改改我这一根筋的毛病!"天翔下定决心说道,脸上不自觉地也带上了笑容。

阿涌叔叔相信你可以的——

李开复曾预言,未来很多工作将被人工智能取代,而能够在时代洪流中站稳脚跟的必然不是机械化操作,而是那些需要创意、情感和智慧的工作,于人也是如此。没有绝对永恒强大的公司和职业,只有不断锐意进取的人。唯有保持灵活的头脑,不断学习进步的状态,才能在职场处于不败之地。

职场幻觉

　　小杨是金融公司的才子，公司不错，岗位和待遇也不错，领导还挺器重的。他平时会在朋友圈、微博写点关于金融圈的观点和评论，常能收到不少点赞和好评。有几篇文章甚至刊登在了本地区的报纸和杂志上，而这份骄傲最近却被打破了。

　　前阵子，小杨代表公司受邀参加一个全国性的金融论坛，圈内很多知名的专家都到场了。参会免不了交流，小杨信心满满地准备大展拳脚，谁知他的观点要么被忽视，要么别人接几句他就答不上来，甚至还有前辈直接不客气地指出"你的观点太老套了！"这样被打击，小杨整个人都有点懵了，后面的论坛也没心思好好参加了，回去之后，整个人也颓唐了很久。

　　"我要是你啊，肯定认真把接下来的论坛听完，了解别人新颖的观点，充实自己。这么好的学习机会，不用白不用啊！"阿涌叔叔在听完小杨的一肚子苦水之后，悠悠道。

　　"嘻，别提了，我当时恨不得找个地洞钻进去，哪儿还有心思听呢？"

"可是你这趟本来就是出去学习的，又不是为了显摆自己，对吧？"

被戳中了小心思的小杨止不住咳嗽，脸都红了。

"我倒觉得这么打击一下，对你来说是好事，强者林立，你才能明白这个世界是学无止境的，你才有动力去突破现在的自己。太过安逸的环境，狮子王都会变成温顺的小猫，更何况我们离顶峰还远着呢！"

"可我不明白，为什么以前自己听到的都是赞美，那些荣誉都是真真切切存在的，为什么这次一下子跌落谷底了呢？"

"你收到的赞美是真的，批评也是真的，只不过来自于不同的环境和声音，但你要学会区分什么对你是真正有意义的。"

"同样的观点为什么你发到朋友圈一片叫好，但在论坛里却无人回应？首先，你看看受众人群，朋友圈里有多少人懂金融，或者说出于什么样的心态给你点赞。如果你分不清，你可以对比一下点赞和转发量，点赞未必是赞同，但转发也许是认为你说到他心里去了。同样你也可以看看有多人跟你互动，给你提供了有用的信息。我认为一个观点抛出来，有争议有讨论的空间，远比收获清一色的赞美来得更有意义，也更真实。"

听着阿涌叔叔的话，小杨思考着，脸色渐渐由红转白。

"而论坛里专业的大家很多，其实帮你最大程度删减了很多主观的声音，你心里明白这种环境下的评价其实更具参考性。"

"所以，其实我什么都不是……"小杨苦笑。

"那倒也不是，起码这么当头一棒把你从职场幻觉中拉出来了啊。"

"职场幻觉？"

"每个人在职场的时间占据了人生中的大部分时间，待久了,尤其到处是鲜花掌声的环境,容易让人产生幻觉,觉得自己很厉害,甚至天下无敌了。被职场幻觉麻痹一阵子能走出来也就罢了,久了指不定连自己是谁都忘了。"阿涌叔叔感慨道。

"是啊,要不是这次出远门,我都觉得自己周边没有对手呢?"

"这里找不到对手,那就走远一点去找啊!但我倒不觉得非要跟别人比才能激励自己,提升自己有太多办法了,时刻保持一颗好奇心、上进心,适用于所有行业啊!像我做教育的,国内的、国外的教育专著都要看啊,小学阶段的教材我也得知道,不光教育类书籍,其他类型的我也看。这些未必对我的工作有立竿见影的作用,但对于我要长期践行教育这份事业必然是有好处的。"

"虽然我不了解你们金融界,但信息是在不断更新的,理论是不断在被推翻被证明的,时刻保持思辨的精神。如果你认为自己的世界不限于一隅,那你就不能被眼前的声音绊住,不能放松懈怠,更不能安于现状。"

"明白了,我的眼光应该放得更远。"

阿涌叔叔相信你可以的——

　　职场幻觉或许是很多人会患、曾经患过、未来将患的一种"病",它的影响可大可小。听到赞美,不是坏事,但如何能让自己处于漫天鲜花掌声中仍能保持清醒、不沉迷、不懈怠,才是真正的考验。受到迷惑也不一定是坏事,关键在于能否及时调整自己的状态,走上方向明朗、坚定向前的正轨。

不是你的责任，那是谁的

西西在一家幼儿园工作，最近负责给孩子们编排儿童节的舞蹈。节目已经排得差不多了，原本是一位老教师负责，但是今天请假外出，便全权交给西西，还找了个新来的同事协助西西把舞蹈的最后一节教完。

哪知原定一小时的排练，一个半小时过去了都没好，眼看着天色渐渐暗下来，好几个家长已经等着接孩子了，西西一边管着闹哄哄的孩子，一边还要顾着外面候着的家长，心里火急火燎的。

园长和阿涌叔叔熟识，今天恰好邀请阿涌叔叔到这儿，正准备离开去吃饭，却看到舞蹈室还亮着灯。半个多小时前她已经来过，询问进展，西西当时表示一切顺利，可这会儿再问，却得到了舞蹈还没排好的结论。

看着西西支支吾吾的样子，园长心中也了然，亲自跟家长说明了情况，便让孩子们先离开了。可事情不能就这么算了，西西工作也有两年多了，脾气好，任劳任怨，但独立做件事常常容易出问题,园长早就想和她好好谈一谈了。想到阿涌叔叔是专家,今天正好又知道事情的来龙去脉,她便征求阿涌叔叔的意见,能否为自己的员工做一次成长训练,阿涌叔叔应允了。

"今天的事是怎么回事,刘老师说一个小时肯定能结束的事情,你们为什么拖了那么久还没排好?"园长问道。

"孩子不听我指挥,到处跑来跑去的。"

"这是理由吗? 怎么刘老师在就没这问题。"园长皱眉。

"我真的一直在催着他们排练,嗓子都喊哑了。"

听西西的声音,确实有些沙哑,园长知道西西不是个会撒谎的人,看这样子,恐怕真的是有心无力,一时间也不知道说些什么。阿涌叔叔像是看穿了她的心思,便开口道:"你的意思是,今天没有完成任务是因为孩子们的责任,因为他们出现了不可抗的因素导致节目中断?"

西西虽然没说话,但似乎就是这么想的。

"园长,你也认为是因为孩子调皮难管吗?"阿涌叔叔又转向园长。

"你们都觉得排练只是孩子的事,那么请问今天你的职责是什么?"

西西被问懵了,好一会儿才说:"管理孩子,组织他们排练。"

"站在管理者的角度,自己的下属没管好,是谁的责任?"阿涌叔叔继续追问,看西西有些茫然,便解释道:"你可能觉得我这话说重了,孩子皮,喜欢跑啊闹的,没办法跟他们好好沟通是不是。但是你可以问问园长,她平时管理整个幼儿园有多难。只要是管理,你就不可能要求所有人一开始就是训练有素的,如果大家能自发遵守规定,还需要管理者来做什么! 这说明,你没有清楚自己的职责,也没有履行好责任。"

"其次,园长中途来问过你,其实是给过你把事情控制好的机会的。当时排练已经好一会儿了,你心里应该有数自己可能做不好这件事,那么别人主动提供你一个援助的机会,你为什么不用?"

"我当时以为自己可以控制好的……"西西涨红了脸解释。

"那你们定好一个小时的,那会儿你还觉得自己没问题吗?为什么不求助刘老师,为什么不把这个情况告诉园长?如果不是园长发现来问你,你打算怎么办?"

阿涌叔叔的话显然戳到了西西的痛点,她一下子沉默了。

"你害怕受到责备,可能还怕别人看轻你,但是你有没有想过陪你耗了那么久的孩子,他们累不累;在外面等的家长,急不急?如果今天排练不完,你打算怎么解决,你有没有这个能力解决呢?"

"是我的管理不到位,对不起。"西西小声说道。

"这不仅仅是管理的问题,一开始由于你没有及时报告,加重了问题,造成了更加严重的后果。当领导询问你的时候,你第一反应是推卸责任,说明你没有责任意识。"

"我们在职场中不可避免会遇到问题,会犯错,但是这都不要紧,因为出现了就去解决,没什么大不了的,也是一种学习。但如果每次遇到点事儿,第一反应都是别人做得不好做得不对,不去反思自己,管理的人把责任推给执行任务的人,执行任务的人觉得都是管理者没有传递到位,大家都不肯承认自己身上的问题,那事情怎么解决,团队怎么团结得起来,公司怎么能发展呢?"

"我知错了。"

"其实,你看今天遇到这事,园长是怎么做的,她先了解情况,因为太晚了,显然孩子跟着爸爸妈妈回家比较重要,不管是他们的身体疲劳程度还是心理上的焦躁,照顾他们的情绪远比排这个舞重要。然后,她才着手解决你的问题。如果今天她让这事不加追问地过去了,你可能还觉得今天只是个意外,孩子格外难管罢了,如果你找不出问题的症结,你下次还会再遇到相同的问题。"

"那,到底该怎么做呢? 我实在是不知道。"

"你不会,是不是可以先学呢? 刘老师带的时候为什么没出过问题,你仔细看看她是怎么做的。我们江海少年报告厅也经常会让孩子们录节目,10 来岁的孩子为什么能面对镜头脱稿说新闻,别人看到可能会猜是不是这些孩子都特别聪明,但他们其实都是普通的孩子,录节目的时候也会有消极不顺的时候,我们这些成长导师就是要根据不同情况做出相应的调节啊!"

"道理都是一样的,做事用心了,自然会越做越有经验,越做越好。"

阿涌叔叔相信你可以的——

遇到问题,只有积极解决,才能真正消灭问题。藏着掖着、推卸责任,只会让问题越来越大,甚至变成难以解决的大麻烦。犯错不可怕,勇于承担,积极应对,那么"祸"也许会转换成"福",积累了经验,增强了信心,才能在职场上走得更远。

田田刚旅行回来，给阿涌叔叔带了点礼物，顺便讲起她旅行的见闻，除了美景美食，她还谈到了自己的旅伴。

"本来我是和小希约好一起去的，她有旅行经验，也很会照顾人，我以前跟她一起出去玩过，特别开心，但……"

"但这次怎么换了个旅伴呢？"阿涌叔叔接着她的话问道。

"最后，我是和小温一起去的，小温和小希是同事，以前还是大学同学，也一起出去玩过。我跟她关系就是一般般，谈不上有多要好，我俩都是和小希约好的，原先是打算三个人一起出去，因为我们都挺想去那儿玩的，票和攻略都是小希一手包办的，但临出发一周小希生病住院了，所以没法去。唉，本来想着住宿之类的都已经订好了，小希也把攻略和注意事项告诉我俩了，不就一起搭个伙嘛，谁知道我们差点儿吵起来。"

"哦？说说。"阿涌叔叔喝了一口茶，问道。

"以前接触不多的时候觉得小温是个挺文静的姑娘，都不会大声讲话，出去之后才发现特别倔，她想去哪个景点，想买什么东西，完全不会考虑别人的感受，一副全世界我最大的腔调。就因为她想去一个网红店，我们硬生生从东边走到西边，花了两个小时不说，最后那家店也不好吃，嫌弃的那个人还是她……"

"所以你就在一边生闷气？也不阻止却又嫌弃？"

"你也知道我的性格啊，不喜欢跟人家吵的，我一直觉得出去玩应该是相互谅解，相互妥协的。我是大大咧咧的人，出去玩吃得起苦，但我不喜欢浪费时间，也不喜欢什么都计较……"

"你有你在意的，同样的，你的旅伴也有自己在意的，只不过是她的做法触到了你的禁区，而你也没有很好地去解决问题。那同样是出游，你有没有想过为什么夹在你们中间的小希可以跟谁都玩得很开心呢？"

田田茫然地摇头。

"你们谁也说服不了谁，说明对方在自己的眼中并没有权威。而小希是你们中的'民间领袖'，她有这个能力去领导调度你们，所以她的话，你们愿意听。"

"'民间领袖'？"

"是的，一般来说，三人及更多人之中就会自然产生一个起主导作用的人，这样才能达到制约和平衡。像你说的，小希承担了这次出行的组织、计划工作，而且她有比较丰富的经验，你和小温又都单独和她一起出去过，并且体验不错，所以你俩会自然而然信赖她，她就像主心骨一样。我想，像她这样的人，在职场中应该也是'民间领袖'那一类人，不一定直接是职位上的上级，但是能很容易带动影响别人，尤其是同类的、同龄的人。"

"真是这样，我们平时都叫她姐，个子娇小，气场却很强大。"

"有这样的人在，你们确实可以少操很多心，因为她能把事情做得很周到，但是你不能永远依靠别人啊，得让自己强大起来才行，你就不想让自己成为同事中的'民间领袖'吗？"

"真的吗？我也可以吗，但是我很弱啊。"

"别人可以，你为什么不行？这当中是有先天的性格因素，勇敢、自信、执行力强的人更具备这种'民间领袖'的特质，但更多的是后天的历练。就拿这个旅游来说，小希再有本事，也不可能什么都不做就靠一张嘴，她得在出发前查阅大量资料，根据你们的行程分析筛选。至于到了游玩的地方，临场应变，如何安抚队员，根据意外调整行程等，靠的是智慧，更是经验。而这些可以通过努力作为来达到，你为什么不相信自己可以呢？"

"哎呀，我就随便说说……"田田不好意思地挠了挠头。

"可我是认真的。"阿涌叔叔接着说道，"而且啊，作为'民间领袖'还要学会一点，放低自己的姿态，以大局为重。你不是疑惑为什么自己和小温的关系处不好吗？你回忆一下刚刚你说的，是不是全都在指责对方的不是，有没有想过自己也有可以退让的地方，遇到矛盾为什么是先抱怨而不是先解决呢？"

"当然，一味地退让不是解决之道，关键是要分清哪些可以退、哪些是必须死守的原则，怎样化解矛盾。这个道理，在工作中不是也同样适用吗？只会钻牛角尖，工作得多糟心啊！"

阿涌叔叔相信你可以的——

在工作中，领导或许就固定是那么几位，在底层的员工或许无法执行领导的权利，但每个人都可以学习如何向一位"民间领袖"发展。独立意识，有主见，执行力强，分析并把握全局，能积极解决问题，合理处理人际关系……这些特质可以让你在职场中如鱼得水，在生活中更能舒心如意。

职场的旅行者心态

午休的时候,阿涌叔叔看到毛毛盯着手机突然一阵叹息,抓耳挠腮似乎有点儿烦躁,便上前询问,原来毛毛是为了春节期间的旅游计划在头疼。

"我有两个计划:plan A 是去四川成都,老听别人说那儿好吃的特别多,也想体验慢生活;plan B 呢,是去浙江的莫干山,去山里呼吸呼吸新鲜空气,也不远。不过这次我是和妹妹一起出门,我俩更倾向于 A 计划,顾虑就是担心过去路上太累,还有呢,就是看了这篇攻略让我特别糟心,搞得我一点儿兴致都没了。"

"喏,你看。"毛毛一边把手机递给阿涌叔叔,一边解释道:"这个攻略是我一个大学同学和他男朋友出去玩的时候写的,写得很详细,细到地铁花了几块钱都没落下,该去的景点也都去了。可我怎么看的就那么无聊呢?"

"因为这是他们的体验和心情啊。我能理解你为什么看不下去,因为她甚至把和男朋友怎么为了去不去一个景点而发生的争执都写了,这或许对她来说是很独特的记忆,但跟你没关系啊。她这篇更像在记录只是到此一游的感觉，没有传达出喜怒哀乐，所以你觉得平淡。"

"原来是这样啊，怪不得呢！其实我和妹妹就想去体验不同地方的风土人情，当然主要是吃吃吃，嘿嘿。"

"你说对了，就是'体验'！每个人的经历不可复制，同一个地方，他们的体验是那样的，你未必也是一样。就像你来到我们单位，尝试这份工作，你才知道其中的酸甜苦辣啊，这能是你参考网页上、企业说明上就能理解的吗？攻略这东西简单做个参考就好，不要全部当真，否则人家说得天花乱坠的东西，结果你到那儿一看，哇，好失望，这可不划算。"

"更重要的是，要搞清楚，你为什么想去，为什么而去，以及带着什么样的心情而去。就像你选择工作，不管父母给出什么意见，朋友有怎样的看法，归根到底这是你自己的事情，只要你知道自己的目标和方向在哪儿就行，做得高不高兴只有你自己知道啊。"

"嗯，我明白啦！"毛毛豁然开朗。

年假结束后，阿涌叔叔看到毛毛，便问起了她去旅游的情况。

"这趟出去啊，我简直像经历了过山车，第一天坐了十几个小时的火车，整个人晕乎乎的，后来转入巴我还晕车了。住宿的地方也出了点儿状况，前两天真是糟透了，一点儿玩的心思都没有，恨不得直接打道回府了。"

"可我看你发朋友圈的照片还挺开心的，要真像你说的那么惨，应该也笑不出来吧。"

"这就是神奇的地方了，只苦了前两天，后来我们到了玩的地方，哇，那里真是美，有点儿能净化心灵的意思。成都街头的美食也真是很多,虽然有些吃不惯,但大部分很让人惊艳,我觉得是很不错的尝试。"

"当然,还有我可爱的妹妹,很不错的旅伴,吃点儿苦吃点儿亏,两个人嘻嘻哈哈就过去了,还能当成'黑料'调侃,换个人说不定各自憋着生气呢!"

"这是很不错的旅行者心态,懂得去享受那些美好的惊喜的,弱化那些不愉快和挫折,所以能享受其中,获得快乐。"顿了顿,阿涌叔叔突然问道:"你知道在职场里,也有旅行者心态吗?"

"咦?怎么说?"毛毛果然有些好奇。

"在职场中,你也会遇到志同道合的伙伴,一个给你力量的团队,当拥有一个共同的目标的时候,你们会携手一起前进,就像你每次出行遇到的那些伙伴。当然,你也可能会遇到看不对眼的、给你绊脚的,但是挫折使人成长,挑战方能检验你的实力。"

"旅行中默契配合很重要,方向感强、条理清晰的人,适合规划路线;机灵、有创意的人,适合去探店;善于交际的人可以更好地与当地人、路人交流,解决一些麻烦,获得一些信息。工作中不也如此吗?每个人都有长处和短板,配合默契,在合适的岗位上就能各司其职,发挥出自己的能力,从而削弱自己的不足。这就是团队作业的好处。"

"那一个人的时候呢?"

"在职场中,每个人是团队中的一份子,但同时也各自独立,想让自己变得更强大,除了外界的推动,自己想要成长,有所行动,也至关重要。这点无需多言,你也该懂。"

"是啊,这短短几天旅游尚且要关系到方方面面,要奋斗几十年的职场更是如此,每天都变幻莫测,随处充斥着挑战和机遇。真是一点儿也不能懈怠啊!"

"要有忧虑意识,但不需要过分紧张,给自己一个微笑,能保持你出去玩的时候的那份积极和快乐。遇到问题解决就是了,还有什么可忧心的呢?"

阿涌叔叔相信你可以的——

　　常说旅行是检验情侣双方是否合适的一大标准,其实何止情侣,朋友、伙伴亦然。一次旅行,涉及前期的准备、过程中的体验以及结束后的整理回味,一点点的不愉快若是被无限放大,或许就会导致整趟旅行的失败。而积极乐观的心态,旅友之间的相互理解包容,一起去解决问题,坚定地共赴同一个目的地,则或许能让本来平平无奇的出游变得生动有趣。

　　职场亦然,以阳光的旅行者心态去对待,有一个明确的目标,愿意与同行的伙伴并肩向前,不畏风雨,能一起分享成功的喜悦,也能一起对抗突如其来的意外,那么收获是一定的,满足感甚至是超出预期的。旅行需要体验,职场更需要,永远不要轻易相信别人说的,学会自己去感受,那样的经历才最真实最动人。

目标客户需要分类

　　方正是个业务员，刚入职那会儿没有经验、没有人脉，他只能不断跑量，无论单子大小，有活就接，甚至有不少是别人不屑的，他也都尽心尽力去做。一段时间下来，工作上了正轨，但随着客户越来越多，他反而有些迷茫了。

　　有人告诉他，累积到一定客户量就该有所取舍，在能保证自己基础收支的情况下要放弃一部分小客户，专心跟着那些大客户，因为往往大客户的一单就能抵上好些个小客户。

　　但也有人告诉他大客户维护周期长，一年也未必会有一单，把精力都放在那些人身上，丢了量，可能连自己的收支都没办法打平。

　　方正有些犹豫，也有些恐惧，他不知道自己应该背水一战，还是安安稳稳就这么做下去。

　　"你最大的问题不在于挑选客户，而是你恐慌了，为什么会恐慌呢？要么是源于你对自己的不自信，要么是性格原因，要么是能力不够，你先要搞清楚并且解决这一点。"

"对于还未开发的客户，我的精力和能力都是有限的，肯定要取舍。"

"不是取舍，而是分类，对于你的目标客户，你需要把他们做个分类，对应不同的产品，分配不同的精力，但质量、服务应该要一视同仁，把你有限的精力尽可能充分利用。"

"那这些客户我都接？"

"这就需要根据你的能力来，不要超出能力范围，但你的能力不能只停留在目前。如果你的业务量越来越大，认可你的人也越来越多，第一反应难道不应该是我该怎样做强做好吗？而不是做不了就推脱。"

"和我们《江海少年通讯》合作的印刷单位，从一开始的小工厂到现在越做越大，客户体量也越接越大，但面对找上门来的生意，她不会轻易推掉。首先，她清楚什么类型的客户有什么样的需求，应该花多少心思，自己首先达到一个平衡。其次，如果不是目标客户，或者合作之后发现彼此不合适，那就推荐给合适的同行，这样两边都能交好。如果举手之劳能为别人解决问题，为什么不做呢？"

阿涌叔叔相信你可以的——

　　学会对目标客户分类，不是为了有区别心的舍弃一部分或是讨好一部分客户，而是能合理地规划，根据自己的精力和能力把事情做得更好更高效。想要有发展，避不开的就是提高自己的业务能力和综合素质，遇到问题不要只想着躲，迎难而上才能学得更多，变得更强。

一揽子 or 抓重点

　　冯毅经营着一家婚庆公司，按照以往的经营传统，婚礼策划、表演节目、舞台设计、搭建、跟妆、拍摄等都由他们负责，新人付一个打包价就可以。但随着婚庆店越来越多，新人要求越来越高，他发现自己越做越难，如果再不寻求突破和改变，迟早有一天会陷入僵局。

　　"一定要让自己具备竞争力！"阿涌叔叔如是说，"不要让别人可以轻易取代你，要让自己被需要。"

　　"我明白，所以我仔细想了想之后，以后慢慢削弱当前这种一揽子全包、毫无重点的情况，把婚礼策划作为我们的重点，把它变成我们的优势。想要方方面面都专业几乎是不可能的，也没有那个精力。"

　　"未来精细化、专业化都会是发展方向，粗制滥造的时代已过去。走量或许还是被需要的，但那要去拼规模拼家底。以前信息传播没有那么迅速，交通也不发达，传播有限，选择也有限。现在是信息化时代，足不出户就可以买到任何地方的东西，也可以按照自己的喜好去定制。这在带来机会的同时也要求我们必须不断创新，而不是复制别人或是停在当下，否则就是在吃老本。"

"我的顾虑就是这个，拿我们行业来说，以前形式简单，客户要求也没那么多，我们几乎是流程化复制。但现在信息交流快，大家会互相询问，也会指定一些要求和形式，对流程化的东西容易不满。尤其是网络上那些新的形式一出来，可能新人比我们还先知道。"

"喜欢新鲜没什么不对，能被轻易模仿和学习的东西说明技术含量不够。你们想要杀出一条血路要么把专业做到极致，让别人挑不了刺，用你的专业让客户心服口服；要么你走在前面，用创意取胜，让别人跟在你后面，你来掌握主动权。"

"所以我就想慢慢过渡到更专业和细致的方向，有需要打包的我们也可以做，但重点不是去维护那些旧的，而是主力开发新的东西。有些业务完全可以给到更专业的机构去做，摄影归摄影，搭建归搭建，甜品归甜品，我不能指望着靠这些零散的业务去赚钱，那样做久了之后就很疲惫了。"

"资源整合嘛，用别人的优势来弥补你的劣势，只要都能做好自己的部分，配合默契，既减少了个人的风险和压力，也能让效果达到 $1+1>2$。"

阿涌叔叔相信你可以的——

　　无论企业或是个人，多学习都是好的，懂的越多、会的越多、能做的越多都是加分项。不过，一定要找准自己的定位，认准自己的优势和目标，不要想着我全都要、全部自己来。学会资源整合，学会互惠共利，发挥出自己最大的优势，用他人的长处来弥补自己的不足，以此达到更好的效果。

平台决定基础高度

　　阿桑就职于一家知名公司，平台很好，和不少大公司、知名品牌是合作关系。前阵子，她的同事辞职了，打算出去单干，还带走了不少人和资源，扬言一定能干出一番事业。

　　当时，这位同事也询问过阿桑有没有辞职和他一同创业的想法，阿桑想了想还是拒绝了。没曾想几个月过后，这位同事私下里找到阿桑大吐苦水，捶胸顿足地表示自己很后悔贸然离职，甚至还隐晦地询问是否能再回原公司上班。

　　"明明是个挺厉害的人，从前在部门能力也不错，而且跟随他离开的几个人也是骨干，做的还是同行业的东西，怎么就没做起来呢？"阿桑有些疑惑。

　　"那你为什么没跟着他干呢？"阿涌叔叔反问，"可能一下子说不出来，但你没有那份底气，也没法绝对相信他，对吗？"

　　"他说的时候信誓旦旦的，但我总觉得有点不靠谱……"

　　"撇开人的问题，最客观的原因就是平台。"

　　"平台？"阿桑不解。

"你现在的单位已经给你们搭建好了平台，甚至对于刚入职的人来说是得天独厚的基础，在此之上，你们才能各自发挥自己的能力。但你们有没有想过，如果突然抽去了这一层平台，你们就是从半空中降到地面啊，只能重新开始。但在这个平台上，你能享受它的资源和舞台，助益良多。"

"创业难，难就难在要从无到有为自己创造一个平台，把口碑和质量打出去。有些人个人能力或许很强，能在自己的岗位上做得很出色，但未必有开疆扩土的实力和魄力，也未必足够幸运，能顺势而为。"

"在职场中，平台对于一个人的成长是非常重要的。好的平台让你看得更远、学得更多，也提供了更多可能帮助你进步和突破。其实你仔细想想，初来乍到，你去和客户谈判，别人尊重你信任你，是出于什么原因？你去出差，别人款待你给你安排好一切，又是出于什么原因？因为你的背后是公司的实力和信誉的支撑，难道不是这个道理吗？"

"也是，但我以前怎么从来没想到过这一点呢？总觉得自己得到的一切都是自己努力而来的。"

"跟个人的努力奋斗当然也分不开，你如果不想往前走，那就算把你一开始送到顶端，也待不久。但我们每个人在进入职场，去选择公司来投简历的时候，不就是在选择平台吗？靠自己，但也要学会借势而为，借助平台的力量让自己走得更远。"

"在公司里待久了，总会觉得有这样那样的不满，一开始是憧憬的、向往的，慢慢地会发现它不如想象中那般完美。但往往这种时候，需要调整的是自己，为什么不能用学习的心去对待工作中遇到的一切呢？为什么要纠结那些不完美？为什么不去挖掘那些能让你进步的东西呢？"

阿涌叔叔相信你可以的——

在职场,学会善于利用优质平台,让自己更上一层楼。在职场中,个体从来不是独立存在的,个人能力的发展、实力的提高,也决离不开团队及与他人的磨合。好的平台有很多优势,可以提升你的基础高度,帮助你获得更广阔的视野、更优质的资源、更多更好的机会。千里马需要遇到伯乐,但它更需要一片广阔的草原,才能得以驰骋。寻得好的平台,对于个人的发展是相当重要的。

为什么要去大城市

谈起"北漂"，总有说不完的话题，有人觉得那是梦想的聚集地，也有人觉得那是飞蛾扑火的不归路。对于选择，别人的话只是建议和见解，不要较真，更不要拿来照搬。而关于奋斗、关于梦想、关于坚持，阿涌叔叔想和你聊聊。

一路就读于二线城市的一所大学，离家也近，一毕业就去上海闯荡了。相较于她的同学，她算是幸运的，进入了心仪的行业，同事也都是志趣相投的，一群年轻人一起拼，一起闯。工作第三年，她的月薪已经达到了近两万元，但也正是这时候她告诉阿涌叔叔，她想离开上海回到毕业的城市工作定居了。

"每次节假日回家，亲戚朋友、一些老同学都羡慕我在大城市，有一份听上去挺体面的工作，接触名人，秀着各种他们可能从未接触过的东西。但这种风光越多，我就越累，不管是身体上还是精神上。我的工资听上去很可观，但是我的工作环境让我不得不支出更多，算下来盈余并不多，有时候甚至还有亏损，那我辛苦到底图什么呢？"

"更要命的是，我觉得工作似乎也变质了，一开始支撑我的那一腔热血已经退得差不多了，我现在更想稳定下来好好生活。"似乎是担心阿涌叔叔责备她没志气，一路又急急忙忙补充道："我还是喜欢这个行业的，也衡量过，如果回到家附近，还是有很多工作机会的，之前在上海的经历也会给我加分，让我能更顺利地找工作、就业。再说我休息日节假日都可以去大城市学习，不会让自己落下的……"

　　"这也是我跟家里人商量之后，觉得目前最适合我的选择了。"一路说完有些忐忑，静静等着阿涌叔叔的意见。

　　"我不想评价你的选择，也没法肯定地告诉你这个选择它会给你带来多少好处或是风险，我不是算命大师，更没法预言你的未来，但我希望你至少现在是坚定的，不要轻易后悔和埋怨。"

　　"不同的年纪、不同的经历，自然会有不同的心境。刚毕业那时候的你肯定不会想到今天的你会有这样的想法。同样的，现在的你或许也不会再做出曾经的选择。这是很正常的，不用太纠结，只要你还有方向，还在这条路上，没有走偏就好。"

　　"我还担心你会不会说我，这么轻易就被打败了呢？"一路不好意思地说。

　　"你自己都不看低你自己，那我又有什么理由和资格说你的不是呢？当你下定决心要去做一件事的时候，可能会收获赞美，同样也会有不理解和置疑。如果绕着别人的看法转，岂不是要转晕了，能做的，只有相信自己，做好自己。"

　　"拿我来说，这 30 几年来我坚持体验式教育，稳扎稳打，不急功近利，因为我很清楚自己要的是什么。带好孩子，帮助一个个家庭解决烦恼，看到我的孩子们从快乐到成功，就是对我最好的回报。"

"有些人或许觉得公司开多大、手上握着多少钱、能住多大的房子才算成功，那是他们的衡量标准，每个人追求的东西都不一样。纠结的时候，多问问自己，到底想要什么。"

阿涌叔叔相信你可以的——

　　不要把自己的梦想禁锢在城市的规模与繁荣里，也不要把自己的未来圈定在当前的职场或是岗位里，你需要树立一个明确又坚定的目标。实现目标的道路不止一条，也可不急于一时，等得起也要耐得住。你获得的所有快乐与成就，并不是建立在别人的评价之上，只要你自己懂得，觉得值得，就坚定地往下做。

给你机会的平台，请珍惜

任菲工作了好几年，前前后后也做过好几份工作，去过国企，也去过外企，见过大世面，和不同类型的客户打过交道，但最终让她安定下来的却是一家刚刚起步的、名不见经传的小公司。

这可愁坏了她的父母，女儿放着好工作好薪资不要，偏偏选择去这么一家小公司从头开始，甚至他们怀疑女儿是不是受了什么刺激，才做出了这样荒唐的举动。于是，他们带着女儿来到阿涌叔叔的公司，想让他帮忙开导一下。

阿涌叔叔在任菲上大学的时候跟她有过一段时间的接触，印象最深的就是这个女孩很有自己的想法，在大学期间就尝试过自己创业，也比同龄人更早地接触实习。后来毕业，她父母告诉阿涌叔叔女儿进了一家知名的企业，阿涌叔叔并不感到意外。

即便任菲的父母火急火燎，阿涌叔叔却觉得女孩应该有自己的想法和主意，女孩也是权衡之下才做出的选择。于是，他先支开了两位家长，单独和任菲聊了聊。

"阿涌叔叔，从换工作到现在我都没遇到理解我的人。"

"你不说,别人怎么理解呢?"

"大家都觉得大公司平台更好,能见更大的世面,遇到更多牛的人,但如果它不肯给你机会呢? 如果你在里面干了几年还是在原来的位置,甚至可以预想到未来几年还是这个样子,那你还会留下去吗?"

意识到自己越说越激动,任菲停了下来,缓了缓继续说道:"那些大企业部门很多,划分得很细,有些真的很锻炼人,也容易晋升;有些不过是'打酱油'罢了,我不想消耗自己,我有野心,我想证明自己,我不怕吃苦和奋斗,但我怕连让我吃苦奋斗的机会都没有。"

"你知道工作不是一件速成的事,现在也不代表未来,你确定自己不是意气用事吗?"阿涌叔叔故意这么问。

"我要是意气用事就不会忤逆我爸妈的意思去选择一家大家听都没听过的公司了!"任菲气鼓鼓地反驳,"我不是心血来潮换工作,这个公司我详细了解过,也接触过他们的领导层,年纪都不是非常大,但经验很丰富了,也很有想法,不是那种墨守成规的刻板,而是让我感受到年轻的活力,创意的碰撞。我们现在规模的确不大,但是工作氛围是积极向上的,我们经常会组织'头脑风暴',也会去大街小巷采集真实的数据,这每一步走来都让我特别踏实,重新找回了刚工作时的激情!"

任菲越说越神气,"最重要的是,他们毫无保留地,给每一个人机会。公司的几个领导也经常和我们一起交流,把他们的经验教训分享给我们,也会认真考虑我们提出的那些可行性建议。我记得我工作的第一个月,领导就带我参加了一个很重要的会议,理由仅仅是我合适,这对于我来说,是肯定,更是鼓励。放在以前哪轮得到我啊?"

"我明白了,我相信你的父母也能够理解,把你今天告诉我的话原原本本地告知你父母,理解是建立在沟通的基础上的,让他们放心,明白吗?"

"他们真的能懂吗?"任菲有些犹疑。

"你不试试怎么知道不行呢?从你的话里、眼神里,我可以感受你对现在这个单位、现在这份工作的喜欢。如果在现在这个年纪,就指望着在一家单位待到老,指望着混混日子等公司根据你的工龄给你升职加薪,我不会鼓励,我更希望你像现在这样,目标明确,有学习进步的愿望,有对提升个人能力与素质的渴望。"

"平台很重要,但到底怎样的才算好的平台?虽然没一个准确的说法,但至少它应该是能够并且愿意给你提供机会的。显然你之前的公司只是'能提供',但却没给到你机会。对于自己的工作你有发言权和决定权,只是你的父母朋友不知其中原委,所以他们担心你的决定。那么这部分是需要你去耐心地跟他们说明的。"

"我想,解开了这个沟通的结,你们之前的矛盾自然会解开,那么现在你应该知道怎么做了吧!"阿涌叔叔笑着说道。

阿涌叔叔相信你可以的——

　　对于每一个职场人来说,平台很重要,但到底怎样才算是好的平台?虽然没一个准确的说法,但至少它应该是"能够并且愿意"给你提供机会的。

　　能详尽提供技术与知识,能毫无保留分享经验教训,能够倾听员工呼声、礼贤下士,能为了发展集思广益的平台,才是优质的平台。因为这样的平台能够不断凝聚力量,助你不断向前发展。

抱团取暖 or 一起冻死

官瑶前段时间刚换工作，她应聘进的是一家杂志社，分配到的部门的同事都很年轻，好几个是应届毕业生。由于之前丰富的经验，官瑶很快就上了工作轨道，但让她不适的情况还是出现了。

起因是坐她对面的一个女孩跟她"吐槽"起了老板的苛刻，官瑶听听也就过去了。女孩可能将官瑶当成是自己同一阵营的，第二天就把她拉到一个单独的群里，在这个名为"上班时间'吐槽'大会"的群里，一共有五个成员，其中二个是官瑶现在的同事，还有一个她不认识、已经辞职了前同事。

官瑶不是爱管闲事的人，想着自己刚毕业也对职场各种不满，便没有把这几个小朋友的事情放在心上。但每天大半天的消息提醒还是引起了她的不适。这个群从来不在下班时间之后有动静，反而一上班就热闹得像是菜市场，说话的几个人负面情绪都很重，不是抱怨别人麻烦就是抱怨工作难做，尤其是那个已经辞职的人，更是不遗余力地抹黑单位。

而在平时的交往中,官瑶也渐渐发现这几个同事干活懒散,没有责任心。尤其是最早拉她进群的妹子,虽然工作能力不强,但一开始还是挺热情的,待人也不错,愿意主动帮助别人,后来动不动就请假,撒谎变成了家常便饭。

　　和阿涌叔叔闲聊起这事的时候,官瑶感慨道:"以前上学的时候有小团体,没想到工作之后还能遇到。"

　　"以前的小团体会解散,现在也一样,尤其是这种为了一时舒坦、刺激,又充满负能量的。"

　　"或许吧,但我不明白的是,跟消极的人在一起,只会让自己变得更消极;跟不上进的人在一起,自己的激情和斗志也会受到影响。这样抱团根本不是取暖,到最后要一起冻死的呀!"

　　"因为释放负能量不需要花什么成本啊,而且消极的状态往往更容易让人引起共鸣。弱者有理,其实未必是他们真的有理,可能只是自以为有理,而往往这样的人更容易站到道德制高点去谴责别人。"

　　"在职场中,没本事的人很多,但当你发现自己做事慢、反应能力差,常常搞砸任务而被骂、被扣工资的时候,你应该怎么做?是去改变自己这些缺点、提高自己、改变别人对你的刻板印象呢,还是选择逃避,在背后疯狂'吐槽'呢?"

　　看着官瑶欲言又止的样子,阿涌叔叔笑着说:"我们都知道应该选择前者,而事实是也许选择后者的人更多,因为后者更简单。毕竟,想和做一直都是两码事。"

　　"我后来找个机会退出了那个群,确实有时候在工作中遇到点儿不如意的事,特别容易被那种情绪煽动,发泄一下当然过瘾,但我不能靠发泄过日子啊。比起这件事,好好工作赚钱养家重要多了!"

"你看得透,不过啊,沉浸在自己的世界里看不开的人太多了。很多人觉得眼前的爽更重要,完全没有职业生涯规划的意识,没有提前准备的打算,不得不过通过一次次撞南墙,吃亏了,才知道要改,代价太大。"

阿涌叔叔相信你可以的——

无论是在学生时代还是进入职场中,小团体这一现象都是存在的。我们会因为有相似经历、相近兴趣和想法而聚集在一起。这本身没有好坏,但近朱者赤、近墨者黑,一旦你抱团的是充满负能量的(吐槽、抱怨、懒散……),那你也更容易陷入消极的氛围;而如果你进入的团体是正能量的(积极、上进、勤勉……),那么互相鼓励互相促进,就会得到 $1+1>2$ 的效果。

作业与作品

　　小高是插画专业出身，在学校的时候就拿过不少奖，导师也夸他有灵气。本以为毕业之后会一路凯歌，但工作了几年，小高却觉得越做越疲软。

　　"最近过稿率很低，做东西也越来越没灵感，我真的怀疑自己适不适合干这一行。"小高苦恼地向阿涌叔叔倾诉。

　　"你读书时候的作品和近期的作品给我看看呐！"阿涌叔叔倒没有直接说什么，而是跟小高要了他的作品。"再选出一幅你比较喜欢的和不太满意的。"

　　看过小高的画稿之后，阿涌叔叔评价道："从一个外行角度来看，你上学时期画的，不说别的，至少很用心，线条很细致，像这个人的发丝都看得出花心思了；但你现在的粗糙了很多，这里怎么会是一个色块呢，跟旁边的不和谐啊！"

　　"这些是……是商业作品，要的量多，时间又紧，客户也不需要那么细致，所以就……"虽然是解释，但小高的声音越来越低。

　　"你知道问题在哪儿吗？是作业和作品的区别。学生时代的画作,或许稚嫩,但你是怀着要把它做好,让它成为你值得骄傲自豪的作品来对待的。因此你会苦恼,可能因为创作不顺愁得睡不着;也会开心,在它做好的那一刻忍不住想和全世界分享。但现在你是抱着一种交作业的心态去迎合客户、迎合这个大环境,甚至放松了对自己的要求,开始程式化流水线式地工作。当你开始想方设法节约时间、节约成本去获取较大利益的时候,你不会再用心思考,也不会再珍惜自己的产出了。"

"但客户不会认同你的想法,容易被拒绝。"

"那就看你是想做被拒绝的那个人,还是有底气拒绝别人的人。"

"工作中很多情况并不是非黑即白的,如何跟客户处理好关系不是我今天几句话就能帮你解决的。但对于你自己的发展,倒可以给你一点思考的方向。作业和作品的区别,代表着你对自己工作的态度,往深处去想,也反映了你对自己的人生定位。工人和工匠都有技术,却不能相提并论,为什么呢。归根结底,前者只把工作当工作,只是在生产作业;而后者是把工作当成事业甚至生活,是在创造作品。"

阿涌叔叔相信你可以的——

可以说,各行各业都存在地板和天花板,成名成家,能被很多人认可和尊重,除却一些天时、地利,共同点之一就是他们对于自己付出的态度和用心程度。应付别人的敷衍快消品叫作业,对自己负责、对他人负责的才有可能成为作品。而正是这些日常工作会决定你成为工人还是工匠。

你为什么什么都不相信了

阿涌叔叔在一次会议上遇到了阿华。这个会议比较官方，又很冗长，有人在玩手机，有人心不在焉，阿华也找了个间隙想跟阿涌叔叔聊天解闷，但阿涌叔叔无声拒绝了。

会议中场休息的时候，阿华再次开口："这会议太假了，说的这些东西假大空，根本没办法落到实处嘛！说得好听，谁会照着做啊，下达到我们这种小地方，都是做做表面功夫就过去了……"

听着阿华的碎碎念，阿涌叔叔忍不住问道："你都不相信？"

"为什么要信呐，你看看有多少人是认真听的，内容也很无聊。"阿华反驳道。

"但是你是从事这个行业的，是代表你们单位的与会者，你回去要写报告，要有所反馈的，对吧？"

"谁在意呢？ 网上 down 一点儿资料，拼拼凑凑也能交差了。"

"我不这么想，既然来参加这个会议了，不管是主动还是被动,就不要浪费这个时间和机会,会议的内容我可以挑对我有益的来听,如果宣讲方式有问题,那我会思考如果让我来传达这些理念,我该怎么样做才能让别人更容易接受。有很多种办法,可以让我不浪费这段时间……"

"这个境界太高了,我可想不了那么多。"阿华一副不在乎的样子。

"你对自己的工作满意吗?"

"不满意,做了十来年了,也就这样吧,工作可不都没意思嘛!"

"你太消极了,不相信你的领导、同事,也不相信你的工作和未来,可是你又害怕改变,甚至连尝试都不愿意。所以你的话就没有什么说服力。"

"因为你的不相信,所以你不相信还有我这样的人,自认为别人都跟你想的一样,你看到玩手机的、讲话的、心不在焉的人,但你看不到认真的人。即便有些人看着敷衍,但你知道他们对待工作的看法吗? 有些人或许也觉得这个会议没意思,但他们知道自己需要什么信息,知道自己需要什么技能,工作依然可以很出色。也有人像你一样,或许没那么相信领导说的、客户说的,但他们知道自己工作是为了什么,那么也能有不错的结果。"

"职场里,什么是真什么是假呢?"

面对阿涌叔叔的询问,阿华没有说话,他似乎开始思考这个以前从来没出现在他脑子里的问题。

"你一定要去纠结这份工作里面黑暗的部分,不人性化的地方,那你永远找不到能做得好的工作。如果你有喜欢的工作,有想为之奋斗的事业,你会拼命想去做好它,而不会去计较今天谁坑你了,明天谁欺负你了,行业是不是爆出什么不好的新闻,因为那些都不值一提。如果你没有那么喜欢的工作,就去认准一份工作,相信它并且相信自己可以做好它,哪怕你仅仅是为了能晋升多赚一点儿钱,也不会是现在这样。你知道自己在哪里需要下功夫,哪里可以不用太计较。"

"不相信的种子一旦埋下,怀疑就会无限蔓延,消极、惰怠就会生根发芽,那成功和幸福不是被你亲手越推越远了吗?"

阿涌叔叔相信你可以的——

在职场越久,越会遇到自己所不认同的、不理解的人和事,会犹疑会彷徨,但从什么时候开始,你不相信了呢?不相信自己所在的单位,不相信自己遇见的人,不相信自己的工作,甚至不相信自己,不相信自己可以做一番事业,不相信自己会有还不错的生活和未来。而这些不相信的情绪一点点渗透,最终会腐蚀你的斗志和激情,消磨你对生活与工作的热爱,最终让你变得一事无成而又不知满足。

警惕职场依赖，不怕麻烦

被拉进『黑名单』的客户

　　雅文没想到，毕业之后大半年自己第一次流眼泪是因为一个客户。失恋她没哭，做手术也没哭，为了考银行压力大到失眠也没哭，却被一个极品客户"逼"得当场止不住落泪。"我恨不得当场掀桌子，把表格甩他脸上，老娘不伺候了！"一向好脾气的雅文这次是真急了，以至于她在一个月后见到阿涌叔叔的时候还忍不住吐槽了半小时。

　　"我真没见过这样的客户，自己的要求都搞不清楚，什么事情都推到别人身上，拿出一张卡，直接甩给我让我办业务，我问他办什么业务，他说你们柜员连这都不知道干什么吃的。好不容易搞清楚他要存款，问他存多少，他说你看着办，后来又说有多少存多少，天呐，怎么会有这么不讲理的人……"雅文细数这个客户的一系列罪状，声调都不自觉地高了几度。

　　"那你有向别人请教怎么处理这一类客户吗？"

　　"请教？他们躲还来不及呢！后来他们才跟我说，这个客户已经被其他行拉黑，就我们银行不知怎么想不开还愿意接他的业务。这一届就我一个新人,自然把烂摊子甩给我了!要是我知道他是这么个人,我就……"

"你就不接待这个客户了?还是你不干了?"阿涌叔叔接过雅文的气话,笑着说道:"其实你很清楚,你不可能因为这个客户放弃你目前的工作,至少现在不会。你生气的原因在于对方难以沟通,明明你已经做好自己的本分工作了,对方还要挑你的刺。"

"可是,有时候工作的确就需要你超越自己的'本分'。"

"什么意思,我不明白?"雅文有点懵。

"员工守则和工作安排告诉你的只是你需要做到的最低标准,但是在实际工作中,尤其是人际往来,是存在很多变数的。你的前辈或许会告诉你完成一个单子的流程,但他们未必会告诉你如何处理这一类客户,他们没有这个义务。"

"从你的话里,我也听出来了,你之所以觉得委屈,一方面是因为客户有些过分,另一方面是你的同事、领导让你寒心了。但你要明白:别人帮你,只是额外的情分。或许他们从业过程中也遇到过类似的问题,也是靠自己一步步走过来的,所以你没什么好埋怨的。他们不主动说,你可以去问,如果还是问不到,那就自己去摸索,没什么好抱怨的。"

"是……"雅文有些为自己的耿耿于怀而尴尬。

"再来就是这个客户,你记得他所有刁难你的细节其实毫无意义,还有别人告诉你他因为如何难搞而被拉黑,只不过是强化你心中的愤怒罢了。且不说这个传言是否真实还有待考证,既然你们行依然接待他,说明他对你们是客户,你就应该做好接待工作。"

"如果我是你,我会高兴,一个被其他人都拒绝的客户到了我手里，这既是挑战，也是机遇，如果我能拿下他，是不是对自己能力最好的证明呢？只要是人，就会有弱点，总能找到攻破他的地方，你能不能找到这个点，投其所好呢？"

"你说的很有道理，但我的工作现在是随机的，碰到这个客户也是偶然，以后应该也不会这么倒霉了吧！"雅文撇撇嘴，只当这是一次偶然事件。

"客户是随机的，但困难并不是偶然的。你工作之后，遇到的不顺应该不止这一个吧，只不过这位进了黑名单的客户更具有代表性，所以一下子戳中了你心里的痛。你确实是发泄出来了，但是并没有找到解决方法，那么下一次再遇到类似甚至更严重的情况该怎么办呢？我现在告诉你的，就是问题的根本和解决之道。"

"唉，作为底层的服务业者好无奈啊！"雅文叹了一口气。

"哪一行不是服务业呢？我从事体验式教育这么多年，不也是在服务孩子、服务家长、服务每一个客户吗?"阿涌叔叔笑了笑，继续说道:

"但我清楚哪些是我的目标客户，哪些不是，哪些无理可以忍耐，哪些不必。这与行业和职位无关，而与你分辨的能力和拒绝的底气，与你的工作经验和能力有关。小姑娘，才工作一年，不要这么重的戾气。"

"我爸妈也说我工作之后变得焦虑和急躁了很多，一身的刺，听你这么一说，还真的是。看来我不喜欢的工作在不知不觉中已经把我变成了自己原本不喜欢的那类人了。"

"哟，我原先认识的那个温柔的小姑娘现在不仅带刺，怎么还带点儿悲观了呢？学校不同于社会，你现在进入的是一个崭新的环境，不适应是正常的，但是得赶紧调整过来啊。当初能熬过高考,现在也一样能够找到出路的,不成长,抗压能力不增强,怎么能对得起过去的时光和付出呢?"

"也是,以前学的是书本知识,现在学的是做人处事的本领,都是学习嘛,有什么可怕的呢!"

阿涌叔叔相信你可以的——

职场教会我们的第一课就是:没有了爸爸妈妈的庇护,没有了老师的督促,自己如何积极主动地去探索和学习。并非社会对我们过于残酷,而是曾经我们受到的保护太多,职场新人首先要认识并且正视这一点。

"祸兮,福之所倚;福兮,祸之所伏",没有绝对的艰难,只要你看到它的另一面是机遇。我们可以被困难打败,也可以选择向困难发起挑战,那么成功了,你会变得更强大;即便失败了,也是一种学习,也会有所得。决定权并不在困难本身,而是在你手里。

做对了，别做错了；
做好了，别做过了

　　肖肖为人热心，性子也直，刚到新单位不久，经常义务帮其他同事做些事，比如打扫卫生，拿个外卖快递，跑腿买点儿东西。前段时间公司很多同事患流感，肖肖还特意给大家煮了姜汤，让同事领导很感动。但前不久，因为一件小事，肖肖发现领导突然对自己冷淡起来，这让她疑惑之余，还有些担心。

　　"前几天得空，我给领导以前那间办公室整理了一下。这间办公室现在闲置在那儿，放些文件杂物之类的，有客户来都会经过，我看没人管，又担心别人看见嫌乱，对我们公司印象不好，就把桌面、柜子理了理。后来看到抽屉里面也乱七八糟的，有些册子都快掉出来了，就想一起整理了，结果发现搞不清楚顺序，我就去问领导了。结果他让我别弄了，我当时还没发现，后来几天老觉得领导对我冷冰冰的，现在回想起来，那天他好像也是有点儿黑脸的……阿涌叔叔，你说这是什么情况啊？"

　　"你是擅作主张整理还是问过领导的？"阿涌叔叔抓住了核心问题。

"我当时问了,说桌面乱,我帮着整理一下,领导还挺开心的。"

"也就是说,除了桌面,其他地方他没允许你整理是不是?"

"嗯……这个,抽屉也没上锁,说明不重要吧,整理都整理了,那就一起呗,打扫个一半那叫什么事啊!"肖肖理直气壮地回道。

"不是这样的,这就是你做得不好,也不对。换做是我,大概心里也是不舒服的。"阿涌叔叔一脸严肃。

"什么意思?"肖肖有点儿急了。

"首先,这间房子是空置的没错,但是公司并没有给你职权可以去处理里面的东西,不管你是热心去打扫还是别的什么原因。其次,你问过上司之后,他同意的仅仅是你清理桌面,说明他觉得你可以并且适合做这事,但你不应该去动别的东西。可能在你看来这只是多一个抽屉的问题,但你领导可能觉得你越权了,没有严格遵照他的命令。再往深想,如果这个抽屉有重要的东西呢?丢了坏了怎么办,你承担得起吗?"

"这……有这么严重吗?"肖肖有点儿后怕。

"别紧张,我只是举个例子,做事前多想想,多站在别人角度想想。你试想如果今天是别人好心要帮你整理东西,一开始只说是桌面,后来开了你的抽屉,你会怎么想啊?没点什么也就罢了,万一那个抽屉里有你私人的东西,你不也是很憋屈吗?又不能责怪别人的好意,但心里肯定有疙瘩的。"

"也是哦!"

"做好事没那么容易呐,好心办坏事的例子也不少了,基本上做事情的原则啊,我给你总结一句话:'做对了,别做错了;做好了,别做过了。'"

"有道理，学到了。"肖肖点头如蒜捣。

"我认识你久了，知道你这姑娘啊就是好心，但做事有时候不经大脑也是真的，了解你的人肯定也不会多想，但刚认识的时候，有点儿猜着防着也是情理之中。不过，我也不希望你因为担心别人误解你，就从此不对这个世界释放善意了。这是你的优点，也是让我们大家觉得与你相处舒服的原因之一，可别丢掉了呀。"

"我懂，我也没要求什么，这么久习惯了嘛，不过你的提醒是有道理的，我有时候就是由着自己的性子，以为是对别人好，说不准也让别人不舒服了。但你说怎么把握这个度呢？"

"比如办公室脏了，没人打扫，你第一个去拿了把扫帚，那大家会念着你的热心和勤劳，说不定几次下来，受你影响，大家也都愿意打扫。但如果你扫完地，还拿着抹布在地上一遍一遍擦，是不是就有点儿过了呢？"

"这么说，我想你应该就明白了。"阿涌叔叔呷了一口茶，悠悠说道。

阿涌叔叔相信你可以的——

有时候我们为人处事，常常是凭着自己的心意和性子来，却不愿意多花几秒钟站在对方的角度考虑一番，而往往这几秒钟就能决定结果的好坏，好心办坏事就是这个道理。

"做对了，别做错了；做好了，别做过了"。说的便是处世的一个度，把握好了，不仅能让自己开心，所付出的得到相应的回报与肯定，也能真正给别人帮上忙，让他人舒心。

　　甜甜大四，目前在实习，单位很优秀，同系的很多人都争着去这家公司实习，甜甜过五关斩六将才拿到了 offer（录取信）。原本她想的是顺利在这里通过实习，然后转正，可实习了两个月之后，却有点儿动摇了。因为她作为新人，似乎处处"受压"。

　　"电视剧里面那些职场'菜鸟'到新单位就要负责部门所有人的买咖啡、拿外卖、端茶、送水、整理资料，正经事儿没学到，跟个打杂一样的桥段原来是真的。你知道吗？我现在的座位都直接搬到饮水机旁边了，气死我了……"甜甜像机关枪一样，喋喋不休地把自己在公司的境遇喷射出来。

　　"就你是这个情况？"阿涌叔叔及时打断了她的怨念。

　　"我有个朋友也是这样，他的直系领导喜欢拖着他们加班，每次到下班点就进来溜一圈，硬是要多留他们 10 分钟才开心；要是提前几分钟走啊，第二天，吐沫星子能把人淹死……"

　　"没到下班时间，不经领导同意，擅自提前离开难道是对的？"

"哎呀,阿涌叔叔你抓错重点了,事情都做完了嘛早走个几分钟也没什么大不了的啊,我的意思是他们领导太苛刻了……"

"抓错重点的是你们。公司有规章制度,既然规定了上下班时间,就没有擅自迟到早退的理由。你朋友他们早退就是他们的错,这并不能说明上司是苛刻的!"阿涌叔叔说得斩钉截铁。

"现在不是在学校,不可能什么都由着你们的性子来,什么事情都想当然。职场有职场的规矩,就是要遵守里面的规章制度的,一切就是要从头学起的,学技术学做人!"

"那……那端茶、送水、做杂活,这些又不是我的工作范围,就因为是新人,我就活该受这些气吗?"

"受气? 你怎么会认为那是在受气,这是你的前辈对你的信任,给你的机会啊!"

"什么?"如果说刚才只是有点儿不甘心,现在甜甜整个人都是大写的不敢相信。

"你一个新人,初入职场,没有工作经验、生活经验、社会经验,这里面哪项不是需要别人教你的。你觉得自己没有义务帮别人做事,那人家也没有义务教你这些是不是? 你想想你在新单位这也不懂那也不会的时候,是不是特别希望别人拉你一把,凭什么别人扶持你这个新人就是应该的呢? 如果你非要算得那么清楚,那大家自己干自己的就好了,还算什么团队,还要互帮互助什么呢?"

阿涌叔叔一连串的反问让甜甜尴尬得羞红了脸,似乎真的是自己要的太多,但是付出的太少,比起工作经验和人际交往,端茶、送水什么的,真是简单得不能再简单了。

"如果是我,就会很高兴,你嘴里的'差遣'在我看来恰恰是别人对我的信任,到一个新单位,别人能给我这个机会,让我快速熟悉这里的环境,摸清楚同事的性格、能力、做事方法,不是有助于我缩短迷茫期,尽快适应新岗位,上手新工作吗?"

"如果你初入职场,没有任何一个人搭理你,都当你是透明人,你还开心得起来吗?"

"不了不了,端茶、送水挺好的。"甜甜被这么一说,才知道自己真的把事情想得太简单了。

"同样一件事,你把它当回事,它就是负担;你把它当作学习,那就是收获!你说你订外卖那么久,是不是新公司附近的商圈都弄清楚了,你给前辈拿外卖的时候,人家能不念你的好? 当你工作上有什么不明白的时候问一句,人家会不回答你?"

"现在的孩子就是太把自己当回事了,你们以为顺风顺水上完学,所有人就应该对你们好声好气的了? 人活着,就免不了和人打交道,有人对你无条件地好,也可能有人不明原因地刁难你。凭什么心安理得享受别人的付出,却容不得自己吃一点亏受一点委屈呢? 况且这本就是在学习,哪来的委屈和抱怨呢?"

阿涌叔叔相信你可以的——

　　一件事,你把它当回事,它就是负担;你把它当作学习,那就是收获! 职场也好生活也罢,很多不愉快都是自己给自己强加的。任何事都有两面性,如果你想着它的好,即便逆境也能有所得。而你若是各种不满和挑刺,那就是再顺利的事,你也觉得是疙瘩。相信你可以正确做出选择的。

少做、不做，就轻松了吗

老傅跟阿涌叔叔曾有业务往来，一来二去的就成了朋友，自己开了一家店，日子过得倒也惬意。这日，他恰好来南通，便探望了阿涌叔叔，闲聊之余，两人谈起现在就业、工作的问题，老傅笑着说起自己店里最近发生的一件事。

"我们店里前不久来了个新人，叫薇薇，人很机灵，也特别勤快，不会的就抢着学。我们店里少不了和外国人合作，小姑娘口语不行嘛，就偷偷练。有一次，我上班早，撞见她在楼道里练口语呐。还有一次啊，卫生间那儿堵了，又脏又臭的，维修那边又迟迟不过来，小姑娘就自己进去通，当时有几个小伙子看得脸红了，也一起去帮忙了，不多久就弄好了。哎呀，这一幕让我看着特别感动。这场景啊让我想起我们年轻那会儿工作、创业的时候，不计较，往前冲的那个韧劲！"

"这可一点不韧，我倒是觉得正是因为心里面有集体，有别人，所以才会有这样的本能，纯粹之心嘛，才能做好事，做成事啊！"

"哈哈,对,纯粹!小姑娘虽然来的时间不长,还在试用期,但店里的人啊,个个都喜欢她。"

"那看来转正期要提前了。"阿涌叔叔笑言。

"那是,人才我不留的话,岂不是我的损失?"

"管理层啊,都希望能招到这样的员工,比起学历、资历,更希望员工有上进心、肯充电学习,过去再辉煌也只是过去,心里装着未来的星辰大海才会前途无限啊!"

"嗯,不过这件事啊,不仅让我看到了薇薇,还有另一个小姑娘西西。她也在试用期,来了快三个月了,这姑娘唉……"说到这儿,老傅叹了口气,摇摇头又说道:"同样是新人,这姑娘觉悟就不行,那天,大家都去帮忙的时候,我看到她远远站那门口,看了一阵子出去了,等大家都弄完了,她抱了个快递盒上来,还问发生什么事了。你说说,你骗别人还骗自己,有意思吗?"

"想置身事外呗,又不希望别人怪她,她以为这种事是意外,避过这次就好了。其实她一旦有了这种想法,别人迟早知道,不过一个时间长短的问题。"

"平时我也不是直接管他们的,还有店长嘛,但自从那次之后,我就有心多去看看这个小姑娘,往那一站,特别没存在感,就是不问不说。要是没人给她安排任务啊,她就不会主动去问。宁可发呆的,也不去给别人搭把手。你说偷懒吧,也不算,但作为一个管理者,遇到这样的员工也挺膈应的……"

"这类人啊,缺乏主动学习的意识,他们觉得只需要在工作时间内完成白纸黑字上的任务就行,事不关己的、额外的,都不愿意去做,觉得那是负担,和自己没关系。少做一点、甚至不做,能偷个懒都觉得自己是赚到了。但人生还长着,是自己的啊,你不去学习,不去磨练自己,到最后损失的不还是自己吗?"

"我遇到过很多职场人，他们觉得多为公司做点事，别人未必领情，公司也不会多给他们工资，所以遇事就是推。但他们不明白，学习也好，历练也好，最终受益的都是自己啊，为谁学？为自己学啊！"

"对啊，目光太狭隘了！"

"往往这种人都做不了大事，在底层混混日子罢了。你说，公司并不会因为少你一个人或者多你一个人就产生大变动，你没有优势又不够上进，很容易就被别人挤下去的，公司要招人还不容易吗？但你要再找个合适的工作多难？"

"偷懒要本事的啊，但很多人只占了前面两个字。"

"可不是吗，'懒惰'的聪明人是有智慧的，但是又懒又不聪明绝对占不到任何便宜。"

"哎，你怎么不问问我，为什么还不辞退西西，要把她留着？"

"时候未到呗！"阿涌叔叔笑着回答。

阿涌叔叔相信你可以的——

职场有一类人：就像发条，你拨一下，他动一下，你让他干什么，他就能干什么，但多一点都不肯干。这样的人可支配，但绝对不会受到重用，因为他们不仅仅对公司置身事外，没有团队归属感和心系公司发展的使命感；对自己也毫无要求和追求，安于现状，更加没有力争上游的意识。而没有竞争优势的结果就是随时可以被排除在外。

工作中的一念之间

　　蓝蓝在学校的行政部门工作，虽然工作时间不长，但受到了不少领导的赏识，尤其是校长，更有意在接下来的人事变动中提拔她到一个重要位置。恰巧近期教育局有一个会议要开，每个学校都要派一位代表出席，校长便把这个任务交代给了蓝蓝，既是出于对她能力的赏识，借此机会让她在外露露脸，同时也是作为升职的重要考核。

　　校长万万没想到的是，他没有等来蓝蓝的汇报，却收到了教育局的通报批评。原因正是开会当天蓝蓝没有到场，他们学校是唯一一所收到通知但没有参加会议的学校。

　　校长找到蓝蓝，询问原因，结果蓝蓝一脸迷茫地回答："因为你没告诉我参加会议的时间啊。"

　　在此之前，校长设想过各种可能，比如蓝蓝临时出了点状况，以至于不能赶到现场，但听到这个回答，他震惊之余，还很生气。

　　"你为什么不问呢？当时我跟你说这件事的时候，包括你离开我办公室到这个会议开始，中间有那么多时间和机会，你为什么不找个人问一问？"

"你当时告诉了我日期和地点，就是没说时间，所以我一直在等你告诉我。"

听到蓝蓝的辩解，校长彻底无语了，没有心思再多说，但同时他在心里也把提拔蓝蓝这个念头放下了。

校长这头忙着给蓝蓝的失误善后，另一头的蓝蓝却觉得委屈，在她看来这是一件只要校长记得提醒就不会出错的小事。她跟自己的父母讲了整件事情的来龙去脉，父母也一起站在蓝蓝这边，认为女儿在这件事里没有责任，甚至对校长还颇有微词。

这些议论很快传到了校长耳朵里，如果说此前校长只是对蓝蓝做的这件事感到不满，那现在他是对这个人都感到不舒服了。蓝蓝察觉到校长和同事对她的冷落，心里也清楚事情的导火索是之前那事，但她不明白是为什么。

"你没什么好委屈的，事实是你做得不对。首先从学校角度来说，你是其中的一员，但因为你个人的原因，导致学校被批评了，声誉受损，难道你觉得这只是一件小事吗？"

"可是……"蓝蓝刚想辩解，就被阿涌叔叔打断了。

"没有任何'可是'，你是这件事的直接参与者，校长让你参加这个会议你是同意的，上交的名单里写的也是你的名字，对吧？"

"是的。"蓝蓝点头。

"那这就是你的工作，你是负责人，无论这个工作环节里哪一环出现问题，你没有做好，没有负责到底，就是你的责任。"

"其次，你完全可以问啊，只是一个时间的问题。日期都知道，那会议当天的时候没人告诉你，你就放任它过去吗？就没有一点点在意和紧张吗？这说明你对这份工作不上心，根本没有把责任扛起来。如果以后领导交给你任何任务，你都像这次这样不当回事，那以后怎么有人敢把重要的工作交给你？"

"这……这么严重的吗？"蓝蓝有些被吓到。

"你现在还有一种'学生心态'，老师布置什么作业，你就完成什么，一旦是开放式的任务，你就不会主动去做。可是职场不是课堂，不看你交作业的量，而是看你个人的综合能力，比起'量'，'质'更重要。"

"就拿这次的事来说，你当时在接受任务的时候，有没有意识到缺了一个时间这个问题？"

"意识到了。"

"那你既然发现问题了，为什么不去解决呢？我相信如果你的领导当时意识到，他一定会说。如果一个无心，一个是有心但不说，那你认为问题出在谁身上？这其实涉及职场中一个常见问题，出现问题时，你作为参与者，是把问题推给别人，还是自己去主动解决？推给别人，你可能获得一时轻松，但你同时也失去了成长的机会，你推的越多，自己只会越来越懦弱。总有一天，你没办法再推脱了，那避无可避的时候，你该怎么办呢？"

"那为什么我的父母朋友却都跟我说，这不是我的责任。"

"父母本能地向着自己的孩子，你的朋友听到你说的那么委屈，还忍心说你吗？他们的声音也好，我的建议也罢，归根结底需要你自己去判断，到底哪种可以真正帮助你解决问题，好好工作，时间和现实会证明一切。"

"获得认可和赏识，你可能需要花很多时间和努力，但是一下子破坏掉别人对你的好感可能只需要做坏一件事。不要逞一时的任性、图一时的爽快，遇到问题，多想多做多承担。"

"我懂了。"蓝蓝点点头。

阿涌叔叔相信你可以的——

工作遇到的坎坷和麻烦，有一部分是客观原因，也有的是因为自己造成的。工作中的失误和问题，未必完全是某一个人的责任，但作为参与者，尤其是直接负责人，更应该主动承担责任，去寻求问题解决的方法。

在职场中，得到认可和赏识，也许需要很长的时间，很多的付出，但是错失一个机会，甚至从期待到失望，却可能因为只是做错一件事。比起事后补救，及时认识到自身存在的问题，提前规避风险，把事情做好，更值得称赞。

爸妈，你们别干涉我的工作了

"爸妈，你们别干涉我的工作了！"这是很多人在进入职场，尤其是刚踏入职场时可能会说的一句话。父母强势地指定孩子去某一家单位、做某一份工作，而被动接受的年轻一代不喜欢或是尝试之后发现做得不如意，双方各自坚持自己的想法，于是免不了爆发亲子之间的矛盾。

因为父母不愿孩子吃苦、做不知前景的工作，尽可能替他们选择稳定的、安逸的，他们这一辈认为不错的工作岗位。而孩子则向往自由随性，不愿在周而复始中浪费青春。一方是保守的，另一方则更愿意接受新事物，想去试、去闯。

两代人观念的碰撞不仅限于工作，还体现在生活方式、择偶观等方面。对于这种双方都感到无可奈何甚至剑拔弩张的分歧，阿涌叔叔愿意从另一个角度给年轻人一点建议参考。

阿曼家里发生了一场"大战"，起因是大表姐和二姨及二姨的女儿（阿曼的小表妹）因为小表妹的就业去向产生了争执。小表妹专科毕业、没什么特长，二姨便通过自己的关系把她安排到一家工厂去学技术,这一行是本地的传统行业,只要能熬过前几年,后面能拿到的薪资还是挺可观的。二姨自己本身也是做这个的,所以这是她认为的不错又适合小表妹的工作。然而小表妹去工厂做了不到一星期,就哭着跑回来说不干了,理由是工作太辛苦、环境太压抑了,几乎没有休息时间,阻断了她的社交和娱乐。最重要的是,在她看来这个行业没有未来。

而二姨则认为自己好心好意给女儿安排工作她却不领情,根本就是心思野了翅膀硬了,一门心思追求那些花里胡哨的东西,担心她被骗,也不希望自己的女儿不服管教。

原本这是母亲和女儿之间的争端,两个人虽然也争执过,但并没有明着面大吵,真正把事情推到爆发点的是大表姐的介入。大表姐在市里的一家公司工作,最近正好缺人手,她就发布了招聘信息,工作简单易上手。小表妹正想换工作,把自己的情况和姐姐一说,姐姐很爽快地答应了,表示自己会帮助妹妹"脱离苦海"。于是,在最近一次家庭聚会上,大表姐带着小表妹和二姨摊牌了。

因为是同龄人的关系,大表姐自然是站在小表妹这方,支持她趁着年轻多去闯闯,开开眼界,要是窝在小地方很难有出息。二姨则质问,小表妹都没出过远门,放她到外面被坑被骗学坏了怎么办?她希望自己的女儿在家安安稳稳地工作、结婚生子,不要去追求什么刺激,万一几年之后一事无成地回来,别说工作难,找对象更难了,到时候即便二姨想帮忙,恐怕也爱莫能助。

"你就是看不起我学习差,就是想把我往火坑里推,待在那个工厂里我还有什么盼头,你就是想把我随随便便塞给别人,根本没问过我想要什么!况且大表姐工作的地方离我们家又不远,我每周都可以回来,有她可以照顾我,我又可以学新东西,你为什么要拦着我,非得把我毁了你才甘心吗?"

阿曼有些无奈地把小表妹的怒吼复述给阿涌叔叔听,并交代了结局,"最后,大家大吵了一架,不欢而散了。"

"你怎么看这三个人的表现呢?"阿涌叔叔没急着分析,反问阿曼。

"二姨的脾气不好,又有些强势,从小就喜欢给小表妹规定这决定那的,确实没顾及小表妹的感受;小表妹年纪轻,想要些自由也是正常的,我们这个年纪哪有喜欢被管着的,当然,这也可能跟她一直被妈妈管着,叛逆期到了有关;大表姐吧,其实不应该在旁边煽风点火的,因为她也才工作几年,给出的建议也不够成熟,一下子是让小表妹抒发了心里的压抑,但是以后会怎样呢? 还真不好说。本来是母女两个人的家务事,现在弄得亲戚关系都不和谐,这就不太好了。"

"当局者迷,旁观者清,你的分析就客观很多,这三个人都太冲动,除了让事情变得严重以外,没有任何好处。但我认为整件事情中,问题最大的是你的表妹,也唯有她这边是旁人可以做一点事的。"

"首先,她工作经验少,对职场抱有一种近乎天真的想象。什么工作不辛苦? 什么工作不需要从头开始学? 工厂她去做过了,她受不了那个强度,如果是因为害怕辛苦,那新工作新环境她未必能做得来。这是一个心态上的问题,抗压能力太弱。"

"其次,她一边喊着对母亲对家庭妥协,听从过父母的建议;一边又抱怨父母管得太多,限制了她的自由,影响了她的生活。可如果不是她自己没有找到好工作,没让父母安心,她妈妈会费尽心思给她找工作吗?"

"是,也许她妈妈给她找的工作她不喜欢,不适合她,但出发点至少是好的，作为女儿，难道不应该先感恩吗？至少应该有一句'谢谢'。父母的思想或许不如年轻这代新潮，但他们爱孩子的心是不会变的。"

"她想要自由，没人拦着，但她不应该一边享受着家里提供的帮助关怀，比如吃、住、生活费，一边又责怪家人对她的要求。她如果能把自己的生活照顾好，我想她的父母不会管这么多，至少你表妹跟她父母说事情的时候，他们会更听得进去。"

"你表妹想让她父母把她当成大人，平等地看待，那就要拿出相应的实力和底气。如果连父母最基本的担心都解决不了，那后面所有的反驳责怪都毫无道理！"

"不只是我表妹，包括我，我的同龄人，很容易在跟父母发生争执的时候下意识觉得是他们不对，可其实固执古板的又何止是他们，我们也一样啊！他们养育我们长大，我们却没为他们做过多少，反而我们的不满那么多，真的不应该。"

"我们欠他们一句'对不起'，更欠一句'谢谢'！"

阿涌叔叔相信你可以的——

年轻人，当你质疑父母为你选择的工作不如意的时候，当你埋怨父母过度干涉你的选择和决定的时候，先想一想，是不是自己还不够强大，是不是自己仍然不够成熟，让父母不得不为你多操心。在与父母争执之前，在对他们的做法不满之前，学会先审视自己，站在父母的角度想一想他们的出发点。

心怀感恩，然后去看待这个世界，去选择工作，去过好生活，走好自己的人生路。

你的快乐你做主

阿乔在一家创业公司工作，由于公司刚起步，薪资待遇不高，人手也不够，常常是一个人当几个人在用，加班更是家常便饭。这两点也是家里的父母最诟病的，但碍于女儿喜欢，父母除了象征性地劝劝，也没多说什么。

工作第二年的春节，阿乔参加家庭聚餐，饭桌上免不了谈论起几个小辈的工作，比阿乔小一岁的表妹前阵子刚升职，月薪近万，姑妈逢人就说。当得知阿乔的薪资连表妹一半都不到的时候，姑妈连连劝阿乔换工作，语气里既有不屑也有同情，连表妹都在一旁劝叨，并且告诉阿乔自己的单位正在招人，可以投投简历。

好不容易熬过了饭桌上的"审讯"，回到自家，父母又开始了新一轮的"轰炸"，无外乎是规劝阿乔换工作。只不过和其他亲戚的不屑相比，父母的语气里满是心疼。

"你的工作有什么好的，天天加班，待遇还那么低？好歹也是个大学生，就这么不值钱？"

"早让你回家工作，我们也好给你安排，在外面遭罪有什么好的?"

"刚毕业的时候你说要出去闯闯,我们不拦你,现在都一两年了,还是不见起色,赶紧给我辞掉那个工作,回来!"

"你看看,刚工作差距不大,现在你的同学、亲戚个个稳稳当当,像你表妹工资高、福利好,她的工作你也能做,你干嘛不做呢?"

父母一连串的"灵魂拷问"让阿乔有些招架不住,曾经意气风发、信誓旦旦的决心好像蒙上了一层雾。刚毕业那阵的激情和闯劲也确实随着时间的推移大不如前了,但是阿乔心里有个声音,告诉她如果就这么听从别人的安排回来了,她不甘心,也不会快乐。

于是,她去找了阿涌叔叔。

"目前这个工作我还是挺喜欢的,但是我父母说的那些顾虑也确实有道理,我有点儿犹豫。"

"所有的事情都有利弊,如果你既想要父母推荐工作的稳定,又想要自己选择那份工作的自由,是没办法做出两全的决定,所以要先明白自己最需要的东西是什么。"

"你现在的工作工资不高,还特别累,那你为什么要坚持呢?"

"我很喜欢这个工作,大学的时候就想从事这方面工作。虽然是创业公司,很多东西不齐全,但是上司和同事都很积极,即使很累但大家都很有干劲,能学到很多东西呢。"阿乔一边说着,眼神都带上了光彩。

"所以待遇和工作时长的问题你都可以不介意吗?"

"唉,也不是不介意……"

"那这些问题有触及你的底线吗?能不能尝试去解决呢?"

"这倒没有,不影响我生活,只是如果能轻松点儿、待遇高点儿,谁不想呢?"

"你要的还是太多，从一开始你心无挂碍，满脑子只有如何实现理想、提升自己，到现在顾这怕那，这不是给自己增加负担吗？当你很明确自己更需要什么的时候，你不会有这么多犹豫和纠结，那只会让你不快乐。"

"你心里清楚，你亲戚、父母说的那些并不是你想要的，要说赚钱，一个月一万算什么，有些人做一个单子几万，一分钟值几十万，你都要去比吗？这是别人的生活，如果只想着比较是没有尽头的。"

"我们可以有目标和欲望，但不能让欲望压倒目标。你刚进职场不久，以后还很长，不需要把目光只放在现在，什么样的选择可以有利于未来 5 年、10 年、20 年的你，这才是你应该去考量的。"

"别人的话，只能听听，不要全部当真，因为每个人走的路不一样，付出的和收获的当然也不同，只要你自己知道这样做是否值得。如果你原本做这份工作就很犹豫、不快乐，那可以更换；但如果你本来做得好好的，就因为别人说了几句话就影响到你的选择，那我认为这没必要，也不成熟，你应该静下来问问自己的内心，到底你想要的是什么。"

阿涌叔叔相信你可以的——

他人大多无法切身体会到你的喜怒哀乐，他们大多是从自己的经历和经验出发，给你提供他们认为好的或不好的意见。你可以集思广益，但不要让纷扰的信息影响到自己的判断。建议终究只是建议，决定权始终是在自己手里。

机会只给要的人

牛尔开了一家营业厅，规模不大，但足以自给自足，员工加上她，总共七八个人。但就这么几个人，她的经营管理还是出了问题。

员工大多是年轻的小姑娘，有不少是外地的，牛尔心疼这些年纪轻轻就出来打工的女孩，适逢自己又做了妈妈，总想着尽可能给她们方便。恰巧租这间门面店的时候，还带了个厨房和二楼，她便收拾出几间房给几个家里远的小姑娘住，午餐也张罗着每人轮流做饭，钱都由她出。

一开始，大家其乐融融的，甚至有不少人就是奔着能提供食宿来的，但时间一久，问题就出来了。有些女孩不会做饭或是不愿意做饭，一轮到自己做饭就想尽办法躲开，还有人嫌菜不合胃口，挑三拣四，甚至直接有员工提出把午饭折现，自己订外卖或者出去吃。牛尔生气之余还有些痛心。

同样的问题还出现在住宿上，原本是为了方便员工免费提供的住宿，一开始几个员工还打扫，可住久了之后卫生不做，东西堆得乱七八糟,完全把公司当成自己的地盘了。有次卫生间漏水,没人主动去解决,也没人吭声,一直到水都滴到一楼,牛尔才发现,赶忙找了师傅来修理。问起原因,几个女孩你推我推你,没人肯担责。

旁边店铺的老板娘说牛尔是烂好人,让她不要多管闲事,学学她的管理办法:午饭不免费提供,午间提供一小时让员工自己解决吃饭问题,超时扣钱,也不提供住宿。按照她的理念来说,不要多管闲事,工作以外的事情都别操心。

可是牛尔想起自己以前一穷二白的时候别人对她的帮助,公司里也有几个员工确实在住宿吃饭上有困难,有个女孩还恳求她,主动提出付房租让她住在二楼。二楼闲着也是闲着,厨房不用就是摆设,况且也真的有人需要那些。一时之间,牛尔犯了难。

"你可以提供这些便利和福利,但是记得只提供给有需要并且愿意对它负责的人。"阿涌叔叔在听完牛尔的纠结之后,直接道出了解决方法的核心。

"有些人是真的需要,并且主动请求,那么你提供给他们;有些人仅仅是'不拿白不拿'的心态,那这部分人即便你给了,他们也不会珍惜。"

"我不完全赞同那个老板娘对你说的,工作也可以不冰冷,你本身好意,因为遇到一点儿麻烦就一竿子打死也没必要。你可以继续释放你的善意,但同时要明白仅仅靠个人自觉和情感道德去约束并不是有效方法,还是要配合一些具体的规章制度来操作。"

"怎么说?"牛尔问道。

"比如说提供住宿,你可以跟他们签订一个协议,包括卫生、时间安排、东西损坏这些，而且住宿申请要让员工主动申请，这样你就能筛选出哪些人是真的有需要的；但光需要还不够，接下来要考验他们是否有足够的责任心。那就需要一些细则的制定了，如果达不到你的要求，随时可以取消这些福利。"

"其实这件事推及职场，也是具有普遍性的。我曾说过一句话'机会只给要的人，机会只给对机会负责任的人'，和你遇到的这件事是一个道理。职场中技术的传授，经验的教导，其实都建立在是不是给到了真正有需要的人，并且他们愿不愿意珍惜和为之努力。否则给了那些无所谓的人，他们不领情也就罢了，兴许还会觉得是负担。那么主动付出的你也会不舒服，甚至同事、上下级之间还会因此产生误会和矛盾，何必呢？"

"是啊，工作上这种事很常见，明面上大家不说，但说不定一个心里想着对方没礼貌不领情，另一个埋怨多管闲事呢！"

"还是那句话，机会只给要的人，机会只给对机会负责任的人，这样'机会'才能显示出真正的价值！"

阿涌叔叔相信你可以的——

在职场中，我们不免会遇到这样令人尴尬的情况，虽然主动想为他人提供一些帮助和便利，但对方丝毫不领情，甚至还会有怨言。其实在提供帮助的时候，首先要站在对方的角度考虑，这是否是他们需要的，如果对方不需要，那也许你的好意反而会成为别人的负担，当然也会造成自己的不愉快。其次则是要在双方协商好的基础上，建立规章和细则，确保责任到人，有章可循。这比单纯用道德和情分来约束有效得多，也更为公平公正，最大限度地解决了双方的麻烦。

不靠谱的『职场病』职场依赖，是让你

在职场中，你是否有过这样的依赖：别人能力强，那接 case 的时候就让他多做一点；我不会做这件事，能不能有个人来教我、帮我；出了差错，不是我的责任，是别人的……职场依赖就像我们的潜意识，总是在遇到问题时就理直气壮地条件反射。可当这种依赖变成习惯，会怎样呢？

亮亮前几天作为助手，陪同企业的 HR 进校园招聘，那天回到公司后才发现有一份资料遗落在学校会议室了，而打电话过去询问却得知会议室已经关门了。好不容易熬到第二天，花了很多功夫才找到人开了会议室的门，取出了资料，可谓是不幸中的万幸。

本来还抱着一丝侥幸心理的亮亮，却遭到了老板严厉的批评，指责她没有做好本职工作。亮亮委屈，"明明是 HR 把资料放在桌子上，活动结束忘记带下来的，怎么怪我呢？"

"自然是应该怪你。"阿涌叔叔听完亮亮的抱怨，总结道。

"怎么可能？"亮亮大惑不解。

"HR 的职责是什么?"

"面试、招人。"

"你当天的职务是什么?"

"HR 的助理。"

"那很清楚,HR 只要负责招聘相关事宜,其余的事情就是你的责任了,你有义务把除 HR 本职工作以外所有事情安排好,确认资料是否携带,不应该在你的工作范围内吗? 那不然要你跟着去干嘛,你做的事他也都能做啊!"

"不是只有白纸黑字、领导耳提面命的任务才叫工作。一项任务,并不是运作的过程才是唯一需要在意的,从准备工作到善后工作,都要面面俱到,任何一处细节都不可以掉以轻心。"

"很多人会患上'职场依赖'症,把很多本应该自己担当的职责推到别人身上,这种心理甚至是下意识的,而不是故意的。在我看来,这是很可怕的,比如你不会做的事情别人会,你心安理得地觉得既然对方会,那他顺便做一下不就行了,而不是'既然我不会,那我就应该学',这时候其实就是职场依赖了。"

"那如果是别人应该教我的事情呢?"

"什么叫别人'应该'做的事,记住,这一点在职场中是不存在的。"

"不是的,我刚到这个单位的时候,这个岗位一直都是老人带新人,因为有一些技术性的东西不入行根本不会。领导当时给我安排了一个师傅,但她嘴上答应着,其实却很敷衍,要么借口说自己忙,要么就仅仅演示一遍,也不管我有没有搞懂……"

"你没搞懂,怎么是人家的责任了呢? 你有努力去学吗?"阿涌叔叔反问道。

"她不教,我怎么学啊?"亮亮委屈地反驳。

"你怎么还会是这种学生心态呢？首先，你所谓的师傅，她的专职工作就是教你吗？并不是的，她一边要忙自己的工作，一边又要照顾你这个新手，并且是无偿的，甚至可能因为你一遍两遍学不会还要投入更多的精力和成本。这样你还觉得人家教你是义务吗？其实是情分啊！"

"你主动向你的师傅提出学习要求以获取专业技能，或者说为了完成一项工作求助于他人，都是可以的。可是当你本能觉得'别人应该怎么样'的时候，就说明'职场依赖'已经在你心里形成了。你换位思考一下，假如你好端端在工作，别人这个也来找你帮忙，那个也让你做，出了事还把责任推你头上的时候，你就不会觉得有什么是理所当然的了。你不希望被别人无休止地依赖，同理，你也应当化自己的'依赖'为'主动承担'。"

"我们提倡职场合作，但绝不是职场依赖。"阿涌叔叔最后微笑着总结。

阿涌叔叔相信你可以的——

当你想当然地把责任和义务往别人身上推的时候，就要警惕自己是否患了"职场依赖"症。而当你渐渐习惯"职场依赖"的时候，不仅会习惯性地把失误和问题推到别人头上，也会逐渐丧失主动学习的意识，变得没有担当和上进心。而这些都会让你在职场不断受挫，停滞不前。

跳出自己习以为常的圈子

在一家公司工作的时候,我们总会遇到不如意的情况,可能会被老板训,同事不给力,客户刁钻难缠,也因此有过埋怨,甚至是辞职的念头。但所有的情形真的在你换一家公司之后就会好了吗?

瑶瑶从单位离职已经小半年了,曾经她是在一家创业公司工作的,有很多机会,但同时压力也很大。老板跟他们一起干,毫无保留分享经验,带着初出茅庐的他们一起去谈客户,把项目直接给瑶瑶这批新人。高压环境下,以前在大学连兼职都没做过的瑶瑶有点儿受不了,最终选择离职。

重新选择了一家较为清闲的单位,每天朝九晚五,虽然再也没有那些挑灯奋战的加班,也没有因为完不成任务而被老板责骂,但瑶瑶却反而觉得之前的单位教给她很多东西,让她怀念。

"我是不是有病啊,以前累死累活的才拿现在这点儿工资,现在每天清闲上班,还能时而跟同事一起喝个下午茶,我竟然还会觉得以前的单位好。"瑶瑶自嘲。

"为什么会觉得以前的单位好呢?"阿涌叔叔问。

"或许是现在太清闲了，我老觉得有我没我都差不多；以前的时间，一分钟恨不得掰成两分钟，但充实，一直是有事做的。"

"因为你被需要了，被肯定。但是在现在这家单位，你可有可无，甚至很容易被替代，时间一久，会没有安全感的。"

"其实一开始也不是这样的，刚到现在的单位，我也是干劲十足的，毕竟以前忙惯了，领导也认可我的能力。虽然我脱离了老单位，但学到的本事都在啊，我就想在这里闯闯，但是周围的人都不像我的前同事，按部就班、得过且过的人特别多，导致我觉得一直往前冲的自己像傻瓜。"

"所以你也停下来了，跟着他们一起慢慢走？"

"不然怎么办呢？我不想成为一个异类。"瑶瑶叹息。

"你心里清楚，目前这个单位不合适你，因为它在消磨你，你还这么年轻，就提前进入养老生活，没有冲劲，不想付出，那以后怎么办？"

看瑶瑶陷入沉默，阿涌叔叔继续道："我不去评价你工作的这两家单位到底怎么样？但是我要告诉你的是，没有哪家单位是完美的，重点是当下的你更需要更想要的是什么？如果你搞不清现状，那你想一想5年后、10年后的你自己，你希望自己成为什么样的人，你就知道现在应该做出什么选择？"

"其实你能说出觉得老单位更好，说明你心里已经有了一定倾斜。以前抱怨的不得了的单位，如今却感激怀念了，很奇妙，不是吗？"

"对啊，所以我才觉得打脸嘛！以前认为年纪轻轻要享受生活，那么累干嘛；现在知道了生活从来不是轻松的，如果不奋斗，不往前走，不仅仅是会被别人打败，生活都不允许你这样。"

"你开始感恩了，其实这就是进步。你现在愿意跳出自我，去感谢过往帮助过你的人,去感激过往的经历,无论是好的还是差的。"

"只是这代价有点儿大,你换了两份工作,进行比较过才后知后觉地懂得这个道理,而这段时光你本可以用来专心做好自己、提升自己的。但现在也不晚,我相信只有你自己经历过、思考过,才知道自己最想要的东西。"

"太多人在一家公司待久了,习惯性地开始不满意这不满意那,总觉得还有更好的机会在等着自己。但这家单位提供的好他却不记得。公司和员工之间是雇佣关系,就是你工作,我付钱;很多人觉得公司不应该额外要求自己更多,对加班几小时该给多少钱锱铢必较,少一分都觉得自己吃亏了。但公司真的很流程化地对待他的时候,又嫌公司没有人情味。有时候或许不是外部问题,要从自己身上找原因,让自己的思维暂时跳出当前的工作环境,更客观去看待自己正在做的,也许会想得更加明白,而不是随随便便辞职换工作。"

阿涌叔叔相信你可以的——

在一家单位待久了,有情绪有不满都是正常的,你可以吐槽,但不要让这种抱怨的情绪围绕你太久。你该记住的,应该是这家公司给你带来过的好的东西,比如说能力比如说机会。在山中,你很容易被云雾遮住双眼,看不清这山清水秀的美;但如果你能走到外面去,再回望这座山,或许能更全面更清晰地感受到它的魅力。跳出自己的惯性思维圈,更冷静客观地待人接物,或许很多烦恼会迎刃而解。

在职场中,多一点感谢与感恩,学会感激过往的经历,学会感激你遇到的人与事,懂得珍惜,能够反省自己。

摆脱工作中的『妈宝』状态

葛荟从前一家单位离职后，在家闲了三个月。由于之前不愉快的工作经历，她想着这一次宁可多花点儿时间和精力也要找一份合适的工作，不再轻易为了就业而就业，更不想重蹈覆辙。结果三个月过去了，工作怎么都找不到满意的，妈妈在一旁忍不住了。

正巧打听到离家不远的一家公司招文员，这个部门的主管又是葛荟母亲的小姐妹，可以省去不少功夫，随时可以入职。葛荟一听工作性质，原先是不想答应的，但耐不住母亲左一句"你闲着也是闲着，就去试试呗"，右一句"这家公司待遇不错，做着做着也许就喜欢了呢"的劝解，她隔天还是去报到了。

过了约莫一个月，葛荟在跟朋友的一次聚餐时大吐苦水。刚入职时各项工作不适应，忙得像陀螺不说，更令她受不了的是，这个工作就像打杂一样，工作琐碎又没有含金量，葛荟觉得自己的能力被埋没了，也看不到任何光明的未来。

"我想辞职！"这四个字是葛荟当下内心最真实的写照。

"那你为什么还没辞职?"阿涌叔叔看着眼前气鼓鼓的女孩问道。

"哪有这么容易啊,我现在离职工资不合算啊,好歹再等一个月我就可以多拿 500 元啦!而且刚辞了一个人,现在都忙不过来,我这时候走太不人道了,等招到人再走也不迟啊⋯⋯"葛荟列举了一大段不适合辞职的理由,还没说完就被阿涌叔叔打断了。

"没有那么多为什么,你真的想辞职就不会找那么多理由。你给自己罗列这么多借口,不过就是还没下定决心要辞职罢了。"

听到这话,葛荟沉默地低下了头,好一会儿才说:"工作刚开始我就很明白这不适合我,不是因为辛苦,也不是因为我以前没做过,而是真的喜欢不起来。这段时间做下来,我更加确定我做得不开心,让我特别没有盼头⋯⋯"

"但不知道为什么,我不敢辞职。"

"因为你还没有足够的底气、能力和决心。即便你对现在的工作有再多不满,不敢说走就走的原因,无外乎你担心找不到更好的工作。现在的工作是你妈妈帮你找的,你有不满,可以归咎为是你妈妈没给你安排好工作,但你有没有想过,如果这是你自己找的呢?你还会把它贬得一文不值吗?"

看着沉默的葛荟,阿涌叔叔继续点明:"你一开始就说了,这个工作待遇不错,离家又近,其实提供了不少生活上的便利的,你甚至吃住可以靠家里,至少你不需要考虑经济上的压力。你从上一份工作辞职,其中一个原因不就是因为房租、水电费这些生活开销太大让你觉得负担很重吗?"

"说的再难听一点,这就是职场中的'妈宝'状态吗? 你有追求也有要求，但却不愿为之付出相应的代价。你一边享受他人给你带来的便利，一边又不领情，甚至责怪这阻碍了你前进的步伐。这有道理吗？"

"是啊，我一直想改变，但又无力改变，这种感觉真是糟透了。"葛荟自嘲道，语气里是掩盖不住的失落。

"任何时候改变都不晚，与其像现在这样摇摆纠结，不如下定决心大胆去做，最坏的结果不过也就是从头再来，不是吗？"

阿涌叔叔相信你可以的——

有多少人会有职场中的"妈宝"状态？一边是既有追求也有要求，但却不愿为之付出相应的代价；另一边却享受他人给你带来的便利，转身却又不领情，甚至责怪这阻碍了自己往前走。既心安理得地躲在为自己遮风挡雨的温室里，又埋怨自己因此被困住，无缘去更广阔的世界闯荡……可是凭什么？凭什么你只想轻松收获却不愿意付出？凭什么你觉得理想的生活可以信手拈来？凭什么你认为别人的风格自己也可以轻易复制？这世界不欠你的，生活也是，想要什么样的人生，指望别人终归是不容易满意也算不上靠谱，要靠自己。也许未必能达到理想中那样，但至少踏踏实实、心安理得。

你怕麻烦吗

　　工作中总会遇到点儿烦心事：工作难做，客户难缠，方案做了一稿接一稿，通宵熬了一个又一个，可还是没能顺利交差。你会怕麻烦吗？遇到麻烦你又会怎么做呢？

　　池子组里最近来了个新人，还是个名校毕业生，本以为可以荣升为高材生的师傅，池子心里还有些得意，但很快他就发现根本不是这么回事。

　　"这娃不知道是眼高手低还是自带'懒癌'基因，做东西特别粗糙。一开始我让他打打下手，做点儿基础的东西，可是几天都憋不出来，好不容易交上来，我一看，明摆着是凑数的。跟他说吧，他又一直点头好好好，真是一拳打在棉花上，特糟心！"池子向阿涌叔叔诉苦。

　　"他做什么事都这样？"

　　"那倒不是，有些工作要动动脑筋或者容易出效果的，他还是挺积极的，确实没浪费他的脑子。我估摸着啊，他其实很拎得清，知道有些工作繁杂又不容易出成绩，他就避开那些。有次我路过他工位，看到他找找资料又把页面又掉，直接下载一份现成的，因为那个资料对整个案子的影响不大，但去搜集资料本身对他也是一种锻炼。"

"你说现在做哪一行不需要积累啊，我苦口婆心地劝他打好基础，免得将来登高跌重，可人家硬是想一步登天，唉……"

"怕麻烦呗！"阿涌叔叔戏言，转而又认真地说："其实'怕麻烦'是很多职场人的通病，但麻烦之所以成为麻烦，必定有它的理由，当下看似避开了，实则只不过是替日后埋下隐患。况且解决问题的能力是需要锻炼出来的，老指望着逃避、推卸，怎么能成长呢？可惜的是，这个简单的道理很多人不愿意懂。"

"其实，该是你的烂摊子，到最后还是要你亲自去解决的，不是吗？"

"这话说到我心坎里了，我刚工作那会儿，什么都不会，特别有危机感，怕自己被辞退，也怕自己拖后腿，逮到机会就要学。现在也不说自己都精通吧，自己部门的，别的部门的，我都了解一些。"

"实际工作中很多都需要跨部门合作，甚至跨行业，了解得越多，能做得也就越多，就越不容易被替代。"

"是啊，不说要在现在的公司待一辈子吧，哪怕换地方，也得有能力啊。"

"怀着一种接受的、积极的心态去解决问题，不仅是锻炼能力，也在锻炼心理素质。好多人不愿意，是因为他们觉得自己在为别人、为公司解决麻烦，自己得不到好处，可团队本就是一体的，利人则利己，最终还是为自己解决了麻烦。"

"怕麻烦的人往往热衷于走捷径，可真正的捷径并不是依靠投机取巧、挖空心思躲出来的，而是在足够强大之后，做事自然得心应手，在单位时间内提高效率的结果。"

"是啊，希望他们能懂！"池子似叹息又似盼望地说道。

阿涌叔叔相信你可以的——

"怕麻烦"是很多职场人的通病，表现为在一些基础的、费时费力的工作上不愿意花功夫，有意逃避，搪塞过去。但麻烦之所以成为麻烦，必定有它的理由，当下看似避开了，实则只不过是替日后埋下隐患。况且解决问题的能力是需要锻炼出来的，老指望着逃避、推卸，怎么能成长呢？

谦虚谨慎，
守护初心

自己的团队，怎么就带不动呢

晓茹经营着一个绘画工作室，平时接一些店面墙绘、商业绘画的工作。由于自成一派的风格，在小镇上独树一帜，虽说不是一夜暴富，但是大大小小的单子一直没停过。

工作室是她和另外两个女孩子一起合伙开的。她们一开始都是因为喜欢画画而认识的，后来一商量三个人各自拿出一部分积蓄，成立了这个工作室。短短两年，工作室就从一个地下车库搬到市中心的写字楼，个中苦乐只有她们几个自己知道。

虽说是合伙，但是三个人倒也分工明确，晓茹年纪较长，为人豪爽，更擅长与人沟通交往，主要负责工作室各种业务的洽谈及开拓；另外两个女孩子更专注于画画，平时大门不出二门不迈的。

随着接触的人和事越来越多，加之先天敏锐的洞察力，晓茹逐渐意识到工作室的发展已经进入一个瓶颈期，一个不创新的公司注定会慢慢落后于时代的洪流。但是当她把想法说给合伙人听之后，非但没得到理解，还遭到了一致反对，这让她有些苦闷,便找到阿涌叔叔倾诉心里的惆怅。

根据晓茹的描述,工作室面临的主要问题是单子太小太散,客户也很杂,导致每天的工作量不仅大而且利润又有限,加上两个合伙人和另招的两个员工都有点儿疲惫,工作辛苦不说,热情也一点点在消退。如果不寻求转型,拓不宽自己的发展道路,那么不出几年,工作室就会慢慢做死。

阿涌叔叔肯定了晓茹的分析能力和对行业的把控,在安逸的环境中,她始终保持冷静的头脑,提出的问题一针见血。

"最近我们镇政府重点开发文创和旅游,这对于我们来说是个好机会,我想趁机能打开一个新的缺口,让我们工作室脱离现在这个困境,可我一跟她俩说,全都是不同意。"

"对公司有利的事情怎么会有人反对呢,你具体提了一个怎样的建议?"阿涌叔叔问道。

"我计划在文创园租一间房子,作为一个平台对外展示我们的作品和产品。以前我们都是做别人的东西,其实我们完全可以开发自己的产品,也可以着手整个镇的旅游产品、文化周边,这有利于我们打开自己的知名度。另外,依托这个平台我们也可以与其他机构合作,比如书法、摄影机构,通过合作,互惠共赢,让我们未来的发展更加多元化。"晓茹兴致满满地说,但接着又有些无奈地叹道:"唉,但是她们一听房租就摇头,觉得那个地段偏僻,目前也没有完全发展起来,这个投资太亏,说还不如拿这笔钱多招两个人,解决业务量。没人理解我,真是太苦闷了……"

"这个想法你是心血来潮呢,还是自己早有打算?"

"其实去年我就动了心思,当时还为了这事有意识地多接了好多这类型的单子,很多不赚钱甚至贴钱在做,就是为了我们打开这一块的空白。她们反倒还怪我做赔本买卖呢!"说到这事,晓茹还有点儿不甘心,大有一副自己壮志凌云,却不被相信的愤懑。

"那你当时做这些贴钱生意的原因,都跟自己的合伙人说了吗? 并且你现在想开拓这个平台的理由、依据、可行性分析甚至失败可能造成的后果,都一一告知自己的合伙人了吗?"

"唉,说了她们也不懂……"

"这就是你的问题了,虽然你说她们是你的合伙人,但就从你跟我的对话里,你已经本能地把自己和她们分成了两个层次,你是以一个经营者,并且是唯一的经营者自居。"

"我……"晓茹刚想开口解释,阿涌叔叔却示意她等自己说完。

"可能在阅历和经营上,她们都不如你,没办法像你想得那么长远,但不代表无法沟通。你提出建议被否定的根本原因就在于,你省略了前期铺垫沟通的过程,直接一下子把一个决定甩到她们面前,她们怎么可能接受呢?"

"如果我是你,在动念的时候就会跟她们说出自己的想法,一起协商,接受和理解是需要一个过程的,这是你作为合伙人应该有的风度。当然,对方不一定能全部跟上你的思路,那你就要换一个角度,至少让她们接受你的观点,参与进来,明白自己可以为公司未来的发展做什么。"

"当她们提出异议的时候,你需要静下心来考虑她们的反对中合理的部分。而对不合理的部分,如何反驳她们,消除她们心头的疑虑。就拿这次的事来说,她们提出的租金高或者增加人手问题,并不是什么大问题,你选的这个地方有地理优势,更利于你们的扩展,况且这笔钱并没有触及你们的底线,增加人手只能改善你们工作的量却无法提升工作的质，这样简单的道理，我想我一个门外汉都能懂，没道理你细细解释过后她们还想不通吧！"阿涌叔叔尤其强调了"解释过后"。

晓茹愣了一下，点点头，有些不好意思地说："是我太鲁莽，也太傲慢了，没有考虑别人……那这次的这个房子怎么办呢，该不该拿下来？"

"我不建议你急着拿下这个房子，它对你来说也许是一个机会，也仅仅是一个机会。只要你知道自己想要什么，牢牢把握你们发展的目标和方向，机会还会有的。但你现在的当务之急是要处理好公司内部的问题，你们的心齐了，目标一致，做事情才能没有后顾之忧。不然因为一间房，大家闹个'窝里反'可就划不来啰！"阿涌叔叔打趣道。

晓茹一拍大腿，笑道："是啊，我脑子一根筋了！明白啦，我以后会多跟别人沟通，倾听别人的想法，绝对不做'万恶的独裁者'！"

"哈哈哈哈哈……"说罢，两个人都笑了起来。

阿涌叔叔相信你可以的——

领导者应当避免自己成为独裁者，但可以有自己独立的思想，也可以有足够果断的执行力，更应该有力排众议坚持自己的勇敢，可这些的前提都不是一意孤行。一个成功的团队必然是默契配合的，每个人在合适自己的岗位上发挥自己最大的优势。

想要八面玲珑，却落得两边不讨好

　　职场是个复杂的生态圈，其中人际关系尤甚。我们都渴望八面玲珑，处处如鱼得水，但现实往往是不经意间就得罪了别人，好心却最后落得两边不讨好，小薇最近就遇到了这样的情况。

　　小薇刚在一家设计公司站稳脚跟，从事行政工作，平时会在朋友圈发发公司的一些成果，所以不少人知道她在设计公司工作。一天，许久不见的一个高中同学阿金找到她，一番寒暄过后，阿金问她的公司能否负责制作一批包装盒，他们会提供设计稿。小薇平时虽然不负责设计，但她也大致熟悉公司的业务，以设计为主，也附带制作，恰好小薇的主管也分管设计部，于是她就询问了主管能否单独制作，主管表示只要制作达到初始数量就可以。

　　得到小薇的回复之后，阿金立马发来一些图纸，询问相应的材料和制作事宜以及报价。由于小薇是外行，没办法解答，加上阿金要制作的产品种类有些复杂，还有一些特殊要求，她也不敢直接转发给主管，生怕说错话。于是在征得主管同意之后，小薇约了阿金第二天过来，直接由主管和他面谈。

第二天见了面，制作和材料都没有问题，眼看就要促成这一单生意，既能解决朋友的燃眉之急，又能给公司带来收益，小薇心里十分开心。但最后在报价上却产生了分歧，主管的报价竟然高出阿金找的最低报价的一倍，阿金当即跳了起来，没管住嘴，直接把自己的最低报价喊了出来，指责小薇公司太贵。

主管年纪稍大，倒也没责怪小年轻不懂事，只说阿金的最低报价是不可能制作的，并且强调他们是设计公司，制作不是主要业务，如果需要制作就是这个报价。

"那能把制作单位的联系方式给我吗，我直接跟他们谈，我们这可是大单，以后要制作的东西还很多，要是能促成合作，我们公司和制作厂都欠你们一个人情！"

"小伙子，我们不需要这个人情，你要是能找到更低价更合适的制作单位尽管去做，我们也不拦你。"

"唉，你……"阿金还要说什么，小薇已经看出主管脸色不好，忙把阿金从办公室拽了出去。一路上，他还止不住地抱怨："你们这也太贵了，我辛辛苦苦跑这么一趟，也是想给你们带生意，但这样太坑了吧！"

小薇心软，看到同学怒气冲冲的样子，也只能自己不停地道歉。接下来几天上班当中，她也总觉得对不起主管，看到都会心虚地绕着走。

事情过去第三天，阿金又找到小薇，旁敲侧击问起制作的事，小薇性子直，询问是否是那个低价制作厂没办法达到阿金公司的要求。阿金没有直接承认，只说那天看到小薇公司的样品，确实安心，如果能把制作单位共享，或者把价格压低到他们能接受的,最好不过了。

小薇一时气结,对阿金的"死缠烂打"很无语。

"你知道我最后跟他说了什么吗?"过了几天,小薇去探望阿涌叔叔闲聊时说起这件事,"我们很贵的,你们做不起!"

"哈哈,这话没错,但你说晚了! 你啊,一开始就该跟阿金说这句,那后面的这些烦心事就都没了。"

"什么意思啊,我不太明白?"

"先问个问题,你怎样看待你们公司的定价和你们产品的关联?"

"我们走的是比较高端的路线,做的东西少而精,在我们那儿,设计费用算高的,制作这一块我不是太了解……"

"那你应该理解你主管对于制作费用的坚持,因为你们所有对外的报价代表了你们产品的价值,不可能因为熟人,不可能因为不设计就改变的,这一点是你做得不到位,说得严重一点,你对公司还存在一些怀疑,或者说不够坚定。价格体现价值,希望你以后无论到哪里都记住这句话。"

"为什么我让你一开始就告诉你同学,你们单位是很贵的,甚至可以建议对方不要找你们做? 第一,摆出你的态度和立场,你是站在公司这边的。第二,你同学在知道价格的基础上,如果继续询问合作细节,说明对方是你们的潜在客户,他看中的是你们的水平和价值,那你可以再详细介绍。反之,你们的对话到此结束,也不会令你难做,更不会让你的领导和同学白跑一趟。"

"哦哦,好!"小薇像突然开窍了一样,点头如蒜捣。

"再回到这件事,你在一开始的时候,事情的顺序就没做对,应该先问清你同学的需求。其实他是希望找到低价且能满足他们制作要求的厂商,而你们是走精品路线的,其实双方并不匹配。如果你可以多问一句，那你同学也许不需要白跑，你也不至于陷入尴尬。"

"而你忽略这一点的原因，有可能是因为没经验、欠考虑，更有可能是你太急于证明自己，你希望证明自己在领导、同事和同学面前是有能力的，是被需要的，但这并不属于你的本职工作。所以下次再做这类事情的时候，先看看自己能不能揽得下，先思考，别急着答应。"

"我就是看到别的同事可以拉来单子，自己又刚转正不久，也想尽份力。唉，看来真是'没有金刚钻，不揽瓷器活'啊！"小薇哀叹道。

"别丧气嘛，这些事情以后注意就行，凡事先站在对方角度考虑一下，是麻烦还是方便，再看看是不是在自己能力范围之内。"

"明白了，但是我这次的事情还没善后呐，阿金还是不死心一直找我。"

"你同学做得也不合理，作为一个下属，要交给老板的方案不应该追求最便宜，而是力求最合适才对。他可以多跑几家，做对比，然后综合质量、性价比等因素做出一份最适宜他们公司的方案，而不是嫌这嫌那。"

"嗯嗯，我知道该怎么说了。对了，我之前还有同学找我帮忙做个海报，我哪敢麻烦我们设计部的同事啊，而且他们做肯定得收钱。我同学就让我做，可我只会一点点 PS 啊，做出来的东西根本不能看的，但又是好朋友，他们要求也不高，就让我加个字，你说我该不该做啊？"

"你这么问，肯定以前帮过这种忙吧？"

"额……对啊，阿涌叔叔你怎么什么都知道。"小薇有点儿不好意思。

"以后这种事直接拒绝，没得商量的。首先，这不是你擅长的，别人说你随便弄弄，就真的一点要求都没有吗？其次，他们看中的是你的公司，是你的同事的技术。所以你这样做是好心帮倒忙，会降低你公司在别人心里的形象。你或许是好心，但别人因此心生芥蒂也不是没有可能，所以直接拒绝，免了大家的麻烦。"

"唉，职场的人际交往真是大学问啊，比上学还累呢！"

"可不是嘛，学无止境，哈哈哈！"

阿涌叔叔相信你可以的——

在职场想要建立良好的人际关系，除了以诚待人、以心交心的根本之外，一些技巧也不可忽略，太过耿直在别人眼里或许就是偏执，不懂拒绝可能会造成双方尴尬离场，多学多看，凡事先多站在对方角度想想，可以让自己尽可能避免这些窘境。

你管了上司该管的事

　　洛洛最近遇到了一件糟心的事,同办公室的小马做事太不让人省心了,粗心大意不看要求不说,也特别懒,最近两人搭档,可把向来要求高的洛洛给气得不行。

　　矛盾终于在一个加班的晚上爆发了,由于小马做事拖拉,稿件超过下班时间才给到洛洛,由于洛洛是最后跟客户对接的一环,所以她也不得不陪着加班,本来心里就有气。结果小马还像个没事人一样,走到洛洛身边催她赶紧让客户定稿。

　　"客户没回呢,可能在忙,稍微等会儿吧!"

　　"唉,好累啊,我还等着吃饭呢,能不能催催。"

　　小马轻描淡写的一句话彻底惹毛了洛洛,心想:明明是你自己拖着任务不交,现在埋怨别人倒是起劲,我被你连累加班,还要帮你善后,我一句怨言都没有,你倒好,先发起牢骚了,还讲不讲理了。

　　强压住自己心里的怒火,洛洛说道:"这件事本来就是我们的责任,原本是答应客户今天给他的,现在已经拖到下班后了,超出了他们的下班时间，我们没有资格现在催着他们定稿。"

看小马不说话，洛洛以为是他知道错了，便继续说下去："我发现，最近这段时间你给我稿件的时候，基本都临近下班或者截稿日期。可能你觉得，这样客户会因为时间紧的问题提高通过率。其实并不会，有时候隔了一夜，他们的想法反而会变，本来可能就是局部调整却硬生生变成全部修改，我们也不是没遇到过。而且我跟客户沟通也需要时间，你每次都这么晚，我都是在用加班时间在跟客户确认啊！最重要的是，时间久了，客户会对我们不满意的，认为我们办事效率低，这些问题你有没有想过啊……"

正说着，客户发来消息，表示方案不行，需要修改。洛洛刚才的话得到了印证，"看吧，就说要改，而且客户提的问题就是我之前跟你说的那个，你非不信，我们有时候不能拿自己的眼光做评判标准，要考虑到客户的喜好，这位经理就是喜欢那种风格的……"

"那个，能不能明天再改，改的有点多，我要赶车回家……"小马沉默了半天，说了这么一句话。

"不行，这个稿子今天必须要截稿的，你加班我也加班，说什么也得做完再走。"

"好吧。"小马有气无力地去改稿，最终在当天完成了任务。

本以为小马会因为这件事吃个教训，大彻大悟，没想到第二天，洛洛却听到了小马因为生病请假的消息，当即她就炸了。

"他还是不是个男人，昨天还生龙活虎的，今天临时请假，还是上班之后说的，明摆着睡过头了呀，真的，一点担当都没有！"洛洛在电话里忍不住跟阿涌叔叔吐槽，心里那叫一个火。

"既然你都觉得他的做法不像男人了，那你还跟他计较什么呀!"阿涌叔叔倒是云淡风轻。

"我气啊,昨天跟他说了那么多,结果一点用都没有,今天这个假明摆着是请给我看的!"

"你是他领导?"阿涌叔叔突然问了这么一句。

"不是,我们平级关系,只是这个项目有合作。"

"那他领导都批假了,你不爽什么呢? 还有你为什么要跟他说那么多呢,说句重的,你根本没资格对他说那些本应该由他领导说的话,你越权了,知道吗?"

"什么?"洛洛震惊得嘴巴都可以吞下一个鸡蛋了。

"你说的那些话是有道理,但不应该由你来说,你既不是他的长辈又不是他的领导,甚至不是关系很好的同事。于公于私,你一股脑儿把人家缺点全摊开来讲了,你让他怎么想? 要谢谢你的批评指教吗? 以后不给你使绊子就不错了,心里总归是不舒服的。"

"可……可是……"

"可是什么呀,如果这些话他领导都不说,你就更不应该说了。你们是同级,哪怕你考虑那些都是对的,你也不能用这种口气和方式说出来,最多你也就是带过一下,善意地提醒一两次。如果你的同事是个装睡的人,那么无论你用什么办法,都叫不醒他,何必给自己招黑呢?"

"那他的行为已经影响到我了呀,难道我不说自己憋着吃亏吗?"

"你给他规定个时间啊,什么任务几点之前必须完成,出错或者拖延造成的后果如何承担,你甚至可以把记录都保存下来。如果真的出了大差错,那么这些白纸黑字可以用于追究责任方。你明明有更有效的方法,为什么非得把自己弄得那么狼狈和委屈呢?"

"唉,我原以为身边的同事都是很正能量的人,大家可以积极地做事,小马让我知道原来还有人是完全没有上进心和责任心的……"洛洛叹息,止不住的难过。

"是,每个人都希望自己身边有正能量的人,但是为什么一定是别人来影响你呢?你不可以做那个阳光中心的人吗?用你的积极去感染别人,如果做不到,其实也不用勉强,但是千万不要因此去苛责别人。每个人都有自己的选择,你不可能,也不必要去管那么多。"

阿涌叔叔相信你可以的——

生活也好,职场也好,总会遇到一些让你不舒服的人和事,若你有能力可以影响和改变别人,那就去做;如果没有,也不要强求别人非要按照你的意志走。很多装睡的人,你是叫不醒的,何苦去沾那一身腥,做一些吃力不讨好的事情。

无论如何,做好自己都是首要的,明白如何让工作在自己手里做到最好,懂得有分寸地拿捏人际关系,了解什么该管什么不该管,职场切忌僭越做人、僭越做事。

我凭什么理解你

　　魏知和一帮朋友创办了一家公司,效益一直不错。由于深知创业的不易,作为老总的他一向对下属很不错,这一点在年终奖上表现得尤为明显。但今年年关,公司却遭遇了一点儿状况,有好几笔账没及时收上来,在结清了员工的工资和预留了明年的周转资金之后,他发现所剩无几。思量再三,他决定把自己和几位核心管理层的年终奖拖到开年后公司正常运营时再发,他想大伙是一起创业的,平时工资也不少,这件事大家应该可以理解。

　　于是在年会上,他便把这个想法说出来,谁知,却遭到了一致的不理解,有两个脾气躁的,直接饭都没吃完就走了。这是魏知完全没想到的,疑惑之余,他也有点儿慌张,似乎这次他把几个创业伙伴都得罪了。

　　"你这事的确做得不好啊,换成我也不开心啊,过两天都要过年了,这不晦气吗?"阿涌叔叔评价道。

　　"我知道,但这不是没办法嘛,公司实在没法发这笔钱,我自己也没拿，不是说同甘共苦吗？"魏知叹道，也有些委屈。

"问题的根子不在这儿，不是没人愿意跟你共渡难关。你也说了，只是年终奖，并不是拖欠工资之类的，你可能觉得这不就是一笔数额不大的钱吗，但为什么大家都生气，因为你说的时间不对。你是什么时候知道这钱发不出来的？"

"半个月前吧。"

"那你当时为什么不说，为什么非要拖到年前几天呢？"

"这……我……"

"别跟我说这半个月你还想努力一把，把这钱凑够。既然你们是合作伙伴，这么多年大家一起过来的，我想他们几个不会不理解，生意上的事本来就难说。但你拖到这过年前，本来大家应该开开心心一起聚会，结果你说奖金没了，这个心理落差你自己想想大不大。就算他们几个能理解，你让他们回家怎么跟自己的家里人说，老婆孩子能没有埋怨？你连一点儿消化的时间都不留给人家，凭什么要求他们立马能理解你！"

"说得再严重点，这还涉及一个相不相信的问题。他们几个是核心成员，但是公司出了这么大的问题，你却什么都没跟他们说过，实在到最后瞒不住了，才告诉他们。你觉得在这种情况下收到这样的消息，谁能大度地摆摆手说'没事，我理解你'呢？以后他们能不怀疑你藏着掖着，就很不错了。"

"那怎么办呢？"魏知这才意识到问题的严重性。

"现在一家一家上门，挨个道歉解释啊！"

"不行不行，这太没面子了。"听到阿涌叔叔这个意见，魏知的脸都红了。

"面子和伙伴，哪个更重要？你现在需要重拾他们对你的信任，把情况详细地说明，也给他们的家人一个交代，不要让他们在家里为难。哪怕简单买点儿水果，至少也代表了你的态度，不要让跟你一起创事业的伙伴寒心啊。"

"我明白了，我这就去办，得赶在年三十前把这事办好，让大家这年都过得顺遂点儿！"

阿涌叔叔相信你可以的——

管理是一门艺术，领导者除了对全局运筹帷幄，也要照顾到员工的立场和心情。不要因为无心之失，让陪伴你一起创业、壮大、同甘共苦的伙伴寒了心。人心远比一时的辉煌更珍贵，相信远比短暂的利益更有价值。

职场生态的那些事

　　栩栩年轻有为,硕士毕业就进入心心念念的大企业,职位和收入都令人羡慕。工作两年,换了三家公司,他都做得很出色,领导和同事都对她赞不绝口。但她依旧不满足,或者说,是不开心。

　　"这些工作比我想象中简单,做了一段时间我就能上手,没什么挑战性,无聊。"这在外人看来有些狂妄的话,栩栩却说得云淡风轻。

　　"你刚毕业找到工作的时候可不是这么跟我说的,你说你准备了很久,从几百个人里面竞聘成功。"阿涌叔叔提醒道。

　　"我当时也以为可以一展抱负,可是进公司不到一个月我就发现那里规矩特别死,说什么鼓励创新型人才,可最后拍板的还不是老板? 有些点子明明就很好,但他们不敢用,呵呵,实在没意思。"

　　"我后来换的两家公司也是这样的,不是规章制度让人费解,就是工作环境让人疲倦,本来我是兴致高昂地进去,出来的时候真是失望透顶。我妈还劝我大公司说出去都好听，让我别要性子。可是做得不快乐，再好的公司又有什么意义呢？"栩栩像是打开了话匣子，有些抱怨又有点无奈地说道。

"你确实是在耍性子。"阿涌叔叔说道，"你以为不停地换，最终就能换到理想中完美的工作环境和位置了吗？你以为仗着自己能力强就可以不断挑剔消耗自己吗？说实话，没有一个单位是完美到挑不出刺的，也没有哪份工作是可以让你一直开心保持兴趣的，你给自己营造了一个负面的职场生态，身处其中的你怎么可能会突破呢？"

"职场生态？"

"是的，工作中一个好的平台、好的圈子很重要，但是起决定性作用的肯定是你自己。你刚进这些单位的时候肯定是有喜悦的，你既然选择了，说明它是有吸引你的点的，那为什么不多看看这些可喜的面呢？"

"我想你进的这些单位应该还是可以学到很多东西的，本身它给你的基础并不差，在这其中你可以容易地营造好属于自己的职场生态圈，那你的成长一定是快的。"

"每个人换工作的原因不一样，有一类人是属于自己没本事没有安全感，他们可能就纠结待遇和是否便利这些问题；还有一类人有足够的能力与底气，也有野心，可以轻轻松松换到不错的工作，因为到哪儿都略胜别人一等。你就属于后者，但你要明白，才华和天赋只是一时的优势，如果你不好好利用的话，就是在变相消耗自己的资历。你刚进职场，觉得任性没什么大不了，几年后呢？十几年后呢？别人积累的经验，遇到过的问题，处事方法和心态都会超过你，那到时候你的竞争力在哪里呢？"

看着栩栩越来越凝重的表情，阿涌叔叔放缓语气说道："年轻人初入职场,光有能力还不行,莫忘初心也很重要,客观条件或许会影响你,但同时也能打磨你的内心。如何让自己坚定最初的想法,披荆斩棘地走下去很重要,以一颗包容的心态去接受那些好的坏的、新的旧的,这样你才会更强大!"

阿涌叔叔相信你可以的——

我们在职场总有这样那样的不满,或抱怨待遇不够高,或厌烦难以处理的人际关系,或迷茫于未来的发展看不到头。有些问题很好解决,也许换个单位就能搞定,但不断辞职跳槽不是真正的解决之道。如何学会包容职场中出现的不如意,如何从中坚定自己想要改变和成长的决心,才是真正应该学习的,而不是不断消耗自己。

　　萍萍没想到，自己毕业之后做的第一份工作就让她卷进了一场巨大的风波。她工作的公司是私人开的，老板是一对夫妻，规模不大。因为员工都是当地人，闲来无事会凑在一起聊聊本地的"八卦"，其中最大的"八卦"就来自于老板和老板娘。

　　老板夫妻俩人感情不和，这是萍萍上班第一天就发现的，老板大段大段时间都不在公司，偶尔回来身边总带着不同的女伴。老板娘虽然在公司的时间比较多，但几乎不和老板同框。一来二去，萍萍就从同事口里知道了夫妻俩的事。

　　有一回，老板带着萍萍和另一位年长一些的员工去赴另外一个公司的约，老板带着一个萍萍没见过的女伴。公事谈完后便是聚餐，席间老板与女伴举止亲密，旁若无人。萍萍一个刚毕业的女孩子，看着很不舒服，心里有些不耻老板的做法。巧的是，当天晚上，她在公司加班了，老板娘也在，两人聊着聊着就谈起了感情生活，老板娘一把鼻涕一把眼泪地跟萍萍哭诉自己的悲惨，萍萍心下不忍，一不小心就把饭局上看到的事说了出来。

谁知第二天大清早萍萍就被电话吵醒了，一听是老板怒气冲冲的声音，让她赶紧来公司。一到公司，她发现办公室一片狼藉，老板娘在角落里哭，老板脸上也挂了彩，怒气冲冲地质问萍萍昨天跟老板娘说了什么话。萍萍哪里经历过这些，当即吓傻了，后来还是别的员工来劝，并把她送回了家。

　　工作是没法继续做了，但工资的结算以及离职手续办得也不顺利，老板存心找茬，弄得萍萍十分尴尬。让她无法理解的是，在大闹之后的那天下午，老板就和老板娘和好了，夫妻俩像没事人一样，反倒是萍萍里外不是人。

　　这件事的对错不论，但萍萍的做法确实不合适，她很懊恼自己多嘴，但阿涌叔叔告诉她，这并不是简单一句"多嘴"造成的。

　　"首先，你把私人生活和职场的界限混淆了，工作的地方就应该关心工作的事情。别人的私生活跟你有什么关系呢？"

　　"可是你控制不住自己的好奇心，不，这都算不上好奇心。你要明白，你没办法控制周围的环境周围的人，你能控制的只有你自己。你要搞清楚你来这个公司是干嘛的，是工作，那就认真学习技能，积累经验。工作之外的事情，听听也就过去了。如果你觉得这个环境真的影响到你，而你也没有足够的定力保持自己的清醒状态，那你可以离开，不要放任周糟的人和事消耗你。"

　　"抛开你上司的私人生活不谈，他能把公司开起来，并且开这么久，一定也是有本事的，我想至少他懂得公私分明，该投入工作的时候百分百投入，知道自己的目标在哪里，怎么开展工作。"

　　"要注意'职场浅交往'，不光是针对你的为人处事，还有对于你的同事、领导、客户，如何把握与他们相处的度。不是每个人都可以深交的，不是别人每句话都需要当真的，也并不是每个人都值得你掏心掏肺，尤其是对于一些敏感的话题，你更要谨言慎行。相安无事的时候尽情嘻嘻哈哈，没人会说你，但是每个人都有一条防线，越过了就要出乱子。像你老板娘跟你掉几滴泪，你就什么都说了，这都不叫天真了，即便你还在学校，也不应该出现这种低级的错误。只不过这次事件的后果远超乎你的想象，有些严重了，但对于你个人而言，它起码告诉你怎么在职场做人做事。"

"现在网络发达，很多人把自己的生活、心情、状态发在网上，有戏谑的、有悲伤的、有高兴的，也许别人只是随意一发，但是看的人如果太当真就没有必要了。尤其是当你通过一条状态，或者几条状态去判断一个人的时候，你自己就在给自己挖坑了。每个人都是多面的，有时候连自己都无法完全了解自己，更别提别人了，那细致地去研究别人以及他们的私事，又有什么意义呢？"

阿涌叔叔相信你可以的——

职场中蕴含着一个巨大的交际圈，在培养工作能力的同时，也要锻炼自己与人交往的能力。不要轻易把自己完全暴露在别人眼里，也不要随便因为别人说的某句话、做的某件事而在心里固化对他们的印象。人是多面的，相处交往也应该是灵活的，不要让私人感情牵着自己走。在职场中，与其关注他人的私事，纠结自己的情感，不如多学习工作技能，积累工作经验。

被客户『放鸽子』了怎么办

　　秀雅所在的公司最近遇到了不小的麻烦,他们是策划公司,规模不大,以往两年生意一直不错,虽然大单不多,但业务量也一直有保障,客户的满意度也不错。口碑传开来之后,他们乘势扩大了规模,价格也开始上调。可没曾想,就是从这时候开始出现了麻烦。

　　不少客户一开始谈得好好的,可方案出得差不多的时候,却临时变卦,要么说方案不满意,要么就是找别家去做了,这就导致有些尾款收不上来。秀雅和同事劳心劳力,得不到认可不说,为客户量身定做的计划也很难再次利用。更气人的是,她发现那些突然说不做的客户很大一部分盗用了他们的创意,换了个形式继续在使用。

　　"这些客户真是太过分了,有骨气的话不要用我们的方案啊,哼!"秀雅说起这事就义愤填膺。

　　"你们从接洽客户到出方案再到结束整个案子,每一步都有明确的书面确认凭证吗?有没有每一个环节都让客户签字确认,以保证你们自身的权益呢?"

"没有。"秀雅摇摇头,"我们卖的是想法,都是前期跟客户沟通得比较满意才开始展开的,中间我们也会跟他们沟通,根据他们的意向来调整,最终确定才能收定金啊,谁知道……"

"谁知道他们最后突然反悔,是不是?"阿涌叔叔说出秀雅心中所想,转而说道:"但你要知道,'谈'和'做'完全是两码事,说的再好听,没有协议凭证也随时可以变卦啊。其实那些客户的想法也很简单,既然不付钱也可以拿到方案,那就省一点好啰!你们没办法维权不也正是因为拿不出证据吗?打电话也好、微信也好,你们没有记录,最后就只能吃哑巴亏啊!"

"但这件事要解决也不难,你们做得细致一些,每个步骤都要有确认书,在合作开始之前也要签订合同,把权责问题详细规定,做到哪一步就收取相应的费用。那么如果合作因为一方单方面的原因终止,也可以合理追责,避免你们现在这种情况。"

"可是有些单子很小,客户每次跑一趟也不现实啊,我们这不也是为了双方方便吗?"

"不不,这些方便不能图,你可以再优化一下实际操作方式,但是每一个环节都不能漏。不能因为对方单子小或者是老顾客,所以你就把流程简化。这不仅可能会损害到你们的利益,对于客户来说,体验感也不好。"

"什么,他们不用付钱还不开心吗!"秀雅大惊。

"当你们想要逐渐扩大规模,那服务势必得一起提升上去。如果你们只是提价,但是服务不专业、流程不完整,那别人怎么信任你们呢?客户只在意感受和结果,你说的再多,如果他们感觉不到,都是白谈。"

"价值的体现并不仅仅在于价格，也不仅限于产品本身。举个简单的例子，为什么耐克的鞋子能卖到上千元，街边小摊的只有几十元，这里面涵盖了质量、工时、造型这些看得见的，还有一些看不见的，比如品牌、时尚、客户体验，等等。你们既然是销售自己的创意，除了这部分要做到位，附加的东西也不能少啊。比如增强客户的参与度和体验感，把流程精细化，让客户感受到你们的用心和独到。就像我每一次给家长、孩子做成长训练，旁人只觉得我们在动嘴皮子，但是我每一次都要提前花大量时间去了解孩子和家长，了解他们的生活、学习及工作状况，分析问题，做出解决方案。每一次做完训练都会接收他们的反馈，了解他们的满意程度，定期回访与巩固。

"当然，前提是建立在客户是相信你们，愿意与你们展开合作的基础上。如果有一些摆明了就是来占便宜的，一个劲要你们先出方案再收费的，留个心眼儿，不是所有客户都是值得留下来的。"阿涌叔叔狡黠一笑，提醒道。

阿涌叔叔相信你可以的——

跟客户打交道是一门必修课，其中就包括如何处理与客户之间的关系。客户临时变卦也好，选择别家也罢，未必都是对方的问题，更多时候是作为乙方的自己没有做到位，也许是产品不够优秀，也许是服务没有到位，也许是体验感不佳。当找不出问题的时候，不妨站在对方的角度考虑，能不能让自己做到位，做得更好。

你的坚持，要有意义

"坚持"是阿涌叔叔一直挂在嘴边的，它意味着不变初心、不言放弃，但坚持并不意味着盲目，也不代表毫无更多选择。你的坚持，要有意义。

小马在一家大型国有企业的分公司工作，从业三年，无论是为人处事，还是业务能力都十分出色，他也热爱着这个行业，肯拼能吃苦，但近期他却动了辞职的念头。

让小马心灰意冷的是他的上司，由于就职于分社，小马一开始只是编外人员，上司曾许诺过只要他工作能力出色就可以转正，如今过了三年，丝毫没有动静。无论小马做成了多少事，超额完成了多少工作量，只要一提到转正的问题，上司都是打哈哈搪塞过去。甚至因为上司的阻挠，小马无缘去总部工作。

"我不在意转正之后能拿到多少福利和津贴，但我没办法容忍自己连一个名分都得不到；可以做幕后，也不介意多付出一点，可一直被这样对待，我看不到更广阔的世界，伸展不出拳脚，想做的很多事也做不了。"

阿涌叔叔能理解小马心里的苦涩和无奈,能以一己之力去改变的事情都不算难事,偏偏职场还有很多无可奈何的时候。他见证了小马从青涩的毕业生蜕变为优秀的职场人。

"你要坚持,但坚持应该有意义。"阿涌叔叔告诉小马,"没有谁的职业生涯是不需要面临选择,可以一帆风顺到底的,当中会有诱惑、意外,也有不得不需要面临取舍的时候,你需要想清楚的是,到底什么对于你来说是最重要的。"

"嗯,这几年我也做出了点成绩,一直有别家出版社来挖我,只是这是我最初选择的地方,有感情了,不想轻易离开。我也一直记得你对我说的,不要朝三暮四,有些事情需要交由时间去判断。所以我一边工作,一边思量。但这么久下来,我确定自己不适合继续留在这里了。"

"看来确实让你失望了,工作环境不仅是一方面,能否遇到一个知人善任的领导也很重要。"

"是的,我知道他在担心什么,他想安安稳稳直到退休,不希望有变故,也可能是我好用,能做事又愿意做事,但真正有格局的领导不应该这样。"

"如果争取过了,依旧没办法改变,那就潇洒离开。好的领导不应该惧怕自己的员工超越他,反而应该以此为荣,为此开心。他只盯着眼前这个职位,只看到自己现在的生活,而你的心很大,没有足够广阔的天空,你就是想飞也飞不起来。"

"我朋友也遇到了类似的情况,她的公司陆陆续续走了很多人,现在她们部门基本靠她撑着。可即便这样,她的上司却以她经验不足而不待见她,不认可她的付出。她去提要求希望以能力高低享受相应的对待,却丝毫得不到回应。"

顿了顿,小马叹息道:"不是每个人工作,都只是为了能拿到多少薪水，我们只是想得到认可，希望自己的努力不至于被践踏。"

"千里马常有，而伯乐不常有，谁也不能保证自己一入职场就能遇到赏识自己、懂自己的人，但是做好自己是可以把握的。并且你不需要对这件事那么灰心，这不是职场的全部，也不是绝对的常态，把它当成一个考验、一次机会，冲破它，就是在突破你自己。"

阿涌叔叔相信你可以的——

你坚持的全部意义应当是有所希望，能让你看到实现梦想的曙光，能激发出你奋斗的激情。如果黑暗难挡，那就不要在黑暗里毫无方向地横冲直撞，换一条路，去试试。我鼓励你去成长、改变和突破，而不是一味盲目坚持，不撞南墙不回头。要学会分析，及时止损。

我以为最后能把事情做好

　　安贞能干又聪颖，性格也十分直爽，讨人喜欢，是领导眼中的好下属，同事心里的好伙伴。可美中不足的是，她有个毛病：不少重要的事情喜欢留到最后去做。

　　这个习惯导致的后果就是安贞常常在"危险边缘"试探，明天要交份提案，今天晚上熬夜才赶完；出差的行李不到临行前绝不收拾……她自己或许是习惯了，也没出过什么岔子，但是刚跟她搭档的同事可仿佛在坐过山车，要是心理素质差的都会受不了。比如明天要举行个活动，有些人说自己没准备好，或许是谦虚、紧张，安贞说没准备就真的是没准备。

　　尽管也有人跟她提过改改这个毛病，但安贞依旧我行我素，直到她遇到了阿涌叔叔。机缘巧合下，安贞和阿涌叔叔共同组织一个活动，两人各自负责一部分，一段时间相处下来，阿涌叔叔便发现了这个问题。在几次委婉提醒无果之后，矛盾终于爆发了，连安贞的上司都不得不介入进行调解。

　　"明天就是活动了，到时候可是现场直播，容不得一丝差错，但我问她她那边有没有排练好的时候，她说还没有，还有一个下午不急的。这样的态度和做事方法，我们还有什么合作的必要！"阿涌叔叔有些生气。

"你别生气，安贞这人就这样，但是她一向办事能干，明天这活动肯定没问题的，你就放心吧！"安贞的上司在一旁打圆场。

"这是我的习惯，您不了解我的为人和处事方法，不能因为一个不和您胃口的习惯来否定我的一切，我这样安排有我的道理，以前这样也没怎么出过错，明天……"

"没怎么出过错等于从来没有、未来也不会出错吗？"阿涌叔叔打断安贞的辩解，"我做活动这么多年，尚且没有百分百的自信保证每一场活动按照预期来进行。也许你的临场应变能力很强，但这不是你今天在这里说'我还没准备好'的理由！"

"再者说，你以为这只是你一个人的问题吗？"

"你现在和我是合作关系，同时你也代表着你们公司，你不好好对待这次活动，直接影响了我的情绪和状态，让我的完成度下降了 10 个百分点，甚至影响了我对你们公司的看法：派这么一个不靠谱的人来跟我对接，是不是你们公司不重视这次活动，也没把我当一回事？"

"没有的事！"安贞急着辩解。

"解释没用，我现在的印象就是这样，别说我，换一个人这么想也是情理之中。现在因为你造成的问题，你的上司不得不过来解释。我跟他是老朋友，了解他的为人，所以不会有嫌隙。我也相信他能派你来，说明你能力出色，这些都是实话，但对待工作，你真的不能这样。你觉得这不过是你的习惯，却牵连了很多人。别人会因为你有情绪，进而不放心、不满意，甚至额外背了不少负担。你还觉得这只是你一个人的事吗？"

安贞听完委屈巴巴,眼泪都快掉下来了。阿涌叔叔降低了声调问她:"你能告诉我每次都把事情等到最后才做,心里是怎么想的吗?"

"我也不知道啊,我一直都这样。"安贞反复表示自己不清楚原因,或许性格使然。阿涌叔叔沉思了一会儿,说道:"我注意到喝饮料的时候杯子一沾口红印你就会擦掉,这是为什么呢?"

"因为不想让别人觉得我没礼貌啊!"

"因为这是你在乎的。同理,对于工作,你有拖到最后才去做的习惯,别人多次提醒你,你都没改过,本质上是你没那么在乎,你没有真正重视,所以缺少了敬畏心和责任心,不是吗?"

阿涌叔叔相信你可以的——

有些人喜欢把事情留到最后做,或者擅长事发时或事后补救,这其中或许有能力突出、经验老道、足够自信等因素,但同时也暴露出职员对于工作没有那么上心。因为没把工作当成自己的事,所以不在意别人的看法和感受,也就少了那么一份敬畏心和责任心。

负责任的人不会因为任务的大小、经验的多少、职位的高低而选择用不同的精力和态度对待工作,不管何时何地,他们都心存一份敬畏和责任,认真把事情做到最好。永远不要抱怨工作有多难,别人如何刁难你。你无法进步一定不是因为外界的客观原因,主要原因一定在你自己身上。

工作上存在功过相抵吗

工作上存在功过相抵吗？很多人第一反应或许是不行，一部分人觉得视具体情况也是可以的。那么换一种问法，当某人造成了一个麻烦，但最终他又亲自把麻烦解决了，你还会追责吗？

依依的领导和同事阿樱要出差，由于物料这一块一向由依依负责，所以阿樱在请示领导之后，让依依协助一起准备出行物料，其中有几份不太起眼的打印资料，但就是这几份资料出了问题。

当时，领导和阿樱已经在出发的火车上了，第二天一早就到达目的地，检查的时候发现资料出了问题，依依接到电话的时候已经快睡下了。听到这么一个晴天霹雳，她立马睡意全无，一检查还真是自己搞错了。当听到电话那头领导冷冰冰的一句"你看着办"，依依真是恨不得去撞墙。

在试想了各种方法，求教了不少人之后，依依成功联系到阿樱此行目的地的一家广告制作公司，可以将制作好的资料送到火车站,只不过需要多付一部分钱。依依自知理亏,便默默担下了。随即她便联系阿樱,告知了广告公司对接人的联系方式。第二天,事情顺利解决了。

领导出差回来后,详细询问了依依是怎样想到这个办法,还十分赞赏,在得知依依自掏腰包花了一部分钱之后,提出让她报销。依依不好意思地表示自己粗心在先,补救是应该的。

本以为事情就这么过去了,谁知第二天例会,领导当着大家的面重提了这件事,并且批评了依依和阿樱两人没把事情做好,让大家引以为戒。

依依有些委屈,觉得事情既然已经解决,没必要再提出来。当她把这事告诉阿涌叔叔之后,却得到了近乎领导处理方法的回复。

"领导批评的点你觉得有道理吗? 是不是在准备资料这件事上你没做好?"阿涌叔叔问道。

"是,我弄错、没检查,是不对,但是这件事我解决了啊,没有造成什么大问题,事情不就过去了吗?"依依反驳。

"你认为功过能互相抵消,是吗? 如果大家以后都用这种思维做事情,那么犯错也不需要在意和担责,只要做其他事情去抵消它就可以,这难道不是很可怕吗? 之所以要把做得不好的、不对的地方拿出来讲,是为了提醒当事人,包括周围其他人,以后避免再犯同样的问题。"

"你能及时补救,当然是好的,这是你的功,所以你领导在这件事上是夸奖你认可你的。但如果你能把错避免,后面需要这么大费周章去补救吗? 如果不能补救呢? 而且恰恰你犯的是小错,是一个可能人人都会栽跟头的问题,所以有警示他人的作用,更不应该被一笔带过。"

"好像也有道理，唉。"

"犯错的当下，你意识到了自己的问题，你可能也想过自己怎么会犯这样的错，以后不能再犯。可是现在你却觉得事情已经过去，不值得再提，那你以后会不会再犯呢？"

"还有一个细节，领导是连你和同事一起批评的，说明他并不是只针对你，这件事你们都做得不恰当。她是主要负责人，应该要核对，而你经手这件事是第一道关口。工作尽心与否，反映出对公司和对你自己负责与否。"

"嗯，我明白了。"

"工作首先是自己的，所以做好它，不为别的，至少是为你自己好。"

阿涌叔叔相信你可以的——

职场上的功过相抵本就是伪命题，立功不应该成为掩盖和遗忘过错的理由。职场上栽过的每一个跟头，都值得你去找出原因、分析原因，避免自己日后再犯，这样做不仅为了成为更好的自己，也为了不再由于自身原因，给集体和同伴带来困扰。相互扶持、共同进步的团队才能越来越强大地往前发展。

做没做过的事就等于积累经验吗

阿涌叔叔有一句经典语录："做没做过的事情叫成长，做不愿意做的事情叫改变，做不敢做的事情叫突破。"身处职场，我们也总会遇到一些从来没做过的事情，但是否事事都应该迎头而上呢？是不是做了就一定会累积经验呢？

阿涌叔叔说，这句话前面有个前提。

农农在设计部门工作，最近接了一个项目，是曾经合作过的客户推荐来的，对方是一家一线城市的大企业。原以为这是打开外地市场的一块重要砖石，却在两个月后，让农农整个部门都很崩溃。

农农负责前期沟通，她发现对方的项目特别琐碎杂乱，看似简单，花的功夫却特别多，给的时间还特别紧，总是几天之内就要出结果。这种高压之下，打乱了农农部门的工作节奏。而最近客户提了一个设计图书的项目，这是农农她们从未接触过的。

封面和内页都要出稿子，而其中内页的版式，农农和同事在查找资料的时候发现，是有一些固定的出版要求，而这已经超出了他们行业的范畴。为了避免印刷出版之后出错，他们也把这一问题跟客户沟通了，得到的答复却是"你们看着弄，出版社按照你们的模板来排版。"

"阿涌叔叔，你了解图书出版吗？"在接到农农这个电话的时候，阿涌叔叔很意外。

"了解一些，怎么了吗？"

"我们有个客户让我们设计图书封面和内页，但书籍印刷是不是有字体字号这些要求，我看很多书都是宋体或者楷体……"

"当然有，我怎么记得你们是做网页设计的，图书设计和排版有专门的机构啊！"

"咳，有苦说不出啊，这个客户签的还是年度服务，签的时候也有些模糊，现在对方坚持要让我们做这个，推也不是，做也不是……"

"他们有正规出版社书号吗？"

"没有，这也是我疑惑的地方，但是上面写了一个出版社的名字。"

"如果没有书号肯定是不正规的，应该就是企业内部流通的，你不用太担心。但如果是正规的出版，你们没办法应付，有很多规定，这不是你们擅长的。"

"是啊，叫苦不迭，一开始特别担心会不会犯下无法挽回的过错，现在你给了我一颗安心丸，但这个单子依旧不好做。不是很多人老说要学习新东西接触新事物吗，我现在可是接触了全新的东西，但是一点儿也不高兴。"

"这样的接触称不上学习，学习对你们有用的东西，能让你提升的东西，那才是有价值的学习，否则就是浪费时间。"

"第一，类似这样的单子能对你今后的工作有帮助吗？不能，因为你们做的是完全不一样的东西；第二，这个客户可能后续给你们带来更多资源吗？不能，因为不是同行业，你们的业务范围也不在那儿；第三，这是一个可以速成的技能吗？不能，需要专业的指导和长时间的练习。它既不是你未来的择业方向，连兴趣爱好都不是，那这样一次痛苦的经历对于你们来说怎么会是成长呢？"

"就当是修身养性吧，遇到这样的客户脾气都磨没了。"农农苦笑。

"团队工作讲究配合，士气很重要。一旦糟糕的、消极的情绪蔓延，那只会加深大家的疲惫。虽然确实可以后期通过疏导让大家重新振奋起来，但比起事后去弥补，前期就能避免不是更好吗？及时止损不是更重要吗？"

"我不好说你们应该立刻停止与这个客户的合作，只是工作上的选择很重要，及时止损也很重要。不是每件事都值得花费功夫，也不是每个人都值得你辛苦付出。如果投入和结果出入太大，回报率极低又没有潜力的事情，不要做！"

阿涌叔叔相信你可以的——

探索未知是一种勇气，但我们探索是为了了解更多，更有智慧更强大，而不是无谓和盲目地瞎撞。有时候遇到不断消耗自己消耗团队的人和事，衡量一下结果，及时止损也许比硬着头皮坚持更有意义。

当我们方向明确，比如坚定一份事业，在践行的过程中遇到不懂的、麻烦的、棘手的，我们需要去尝试，可能会失败，可能会被阻拦，这时候为什么要劝你坚持，因为有意义。同样的，可以给你带来经验或者快乐的，也值得去尝试。做一件事情总需要有理由，如果无一符合，而你越做越疲惫，只觉得是苦撑，那或许你可以停下来，想一想有没有必要这样继续下去。

阿涌叔叔有一个经典的体验式教育活动——传话。一句话从头传到尾，经历多个人之后，往往到最后就跟初始那句话不一样，传话的结果千奇百怪，意思也变了味。而这一点，其实也广泛存在于我们日常的人际交往中。

驰子最近很崩溃，接到了一单快把他逼成处女座的项目。跟客户签的是对方一整个活动的项目负责，活动时间比较紧，大家本来就加班加点在赶项目，跟驰子对接的乙方又不停地催进度，已经让驰子心埋压力很大了，提出的修改意见也是一会儿一个说法，特别耗时间。

几番交锋下来之后，驰子明里暗里地告诉和他对接的乙方，能不能把修改意见汇总，或者达成一致之后再告知他们调整。然而每次乙方都回复：这是他上头领导的意见，他也没办法。

一直折腾了半个多月，第二天活动就要开始了，所有资料和流程已经定下来了。驰子心想，总算能告一段落了，谁知这时乙方上线，提了一个不大不小的要求。说小，是因为这个要求对整个活动几乎没有影响；说大，是因为做起来虽然不费脑子但特别费时。主要是驰子一看时间点，做完最快也要今天晚上了，第二天活动就开始，几乎没有时效性了。

于是，他尝试跟对方沟通这一问题，哪知对方直接来了句："我也觉得没意义，但是领导坚持，又有什么办法呢？"噎得驰子一句话也说不出来，只得打落牙齿和血吞，加班把事情做完。

"阿涌叔叔，你说跟我对接的那个人是智商不足还是情商有问题啊，是领导的复读机吗？就不能跟领导稍微提一下这个问题吗？领导可能就是随口一句，但是他作为中间沟通的人，难道不应该起桥梁作用，让大家尽可能舒服吗？"

"不用什么都扯到情商智商上面去，不过你说的'有没有让别人舒服'是关键点。平时工作生活，只要是需要跟别人打交道的地方，就应该尽可能让其他人舒服，尤其还是担当沟通、传输信息类的工作。"

"就是啊，我宁可他假意骗一下我，说跟领导讲过了，但是领导非要坚持，那我心里还舒坦点儿。这不就是说话的艺术、做人的艺术嘛！"

"那你想要的是对方让你舒服的感觉，而不是解决这件事情本身。不过说到信息传输这个问题，只要人存在的地方，就有可能造成信息传输过程中的疏漏、夸大，因为人就不可避免有主观性，不可能像复印件一样把信息传递得一字不差，况且很多时候我们说话、交流是带着情感因素的，更容易造成说话方和接收方，认知不同。"

"也是，但是因为这种原因造成的反复劳动，甚至朝一个错误的方向去走，真的很令人无奈和火大。"驰子叹息了一声。

"虽然不能完全消除，但是我们还是有一些办法去减少这种情况的,比如减少信息传输的环节,两个人直接沟通、面对面沟通,肯定要比中间隔了两三个人、网上传简讯要来得精准一些。"

"如果你是作为中间沟通的环节,更需要谨慎,尽可能把信息询问清楚,把控一下细节。"

"唉,要是都有这种为其他人多考虑一点,细致尽责一点的觉悟,工作起来不知道要舒服多少呢!"

"我之前遇到个事,一家公司找我们做活动,我们这边把时间、地点、方案都发过去了,结果人家领导一看,这个时间安排不对啊。他正好认识我,就给我打了个电话,那我了解了一下情况之后就问了我们这边负责对接资料的员工,是否是我们这边的责任。结果不是的,是他们那边的员工弄错了。"

"这说明什么,有时候你觉得是别人的问题,却未必是。所以出现矛盾状况了,先想想:问题是我造成的吗? 那是不是需要调整;问题是他造成的吗? 那能不能帮帮他。而不是用气急败坏去代替理智。"

阿涌叔叔相信你可以的——

只要有人存在的地方,就会涉及沟通、交流、传递,就有可能造成信息传输中的疏漏、夸大和错误。我们应该努力减少这些误差,消除一些人为因素导致的信息传递失误,以及给信息接收方带来的麻烦和不舒服。

作为沟通环节的中间人,更有义务把信息收集详细、清楚,把一些不必要的错误剔除,以此促进另外两方沟通的顺利,高效愉快地完成任务。

把每一个活动当作大项目来做

"唉，我是不是最近不在状态啊，平时连错别字都不能忍的人，竟然把尺寸写错了！"小芸抓狂地向阿涌叔叔倾诉最近工作上遇到的一个问题。

"看来造成的后果挺严重？但按照你的工作习惯不应该啊。"阿涌叔叔了解小芸，她平时做事很细致。

小芸叹了一声，"当时老板临时通知我草拟这么一个文件，在电话里说的，要的特别急，我就急急忙忙根据他的口述弄了出来，没来得及仔细核对他就要走了，我也记不得是他告诉我的时候有口误呢，还是我记录的时候写岔了。不知道文件经手了几个人，大家都没发现错误。现在对外发布了，好多人反馈说尺寸有问题，关键那时候我才知道这个项目面向全国的，真是要命啊，当时要是我检查一下就好了，出现很明显的差错是不应该啊……"

"你有没有发懵我不清楚，但显然在这件事上你的老板责任更大。"

"啊？你不是在安慰我吧。"小芸十分惊讶于阿涌叔叔的态度。

"一个影响力这么大的活动，你都说是全国的，为什么临时才接到任务，而且完全不了解活动性质。你老板有提前跟你们沟通安排吗？"

"没，大家都是临时接到通知加班的，好像本来也没打算做这么大，是老板在和合作商聊的时候，有一些契机，就扩展成一个大活动了。"

"不管是因为什么临时变卦，但显然你老板没有把这件事当成大事，没有足够重视。即便是一开始只想做一个小活动，他也没思考每一个细节该如何落地，员工又该如何安排。"

"在你跟我复述这件事的时候，尽管你说这是一个大活动，但我丝毫感受不到你的重视程度或者紧张感甚至忙碌感。你的忙更像是临危受命，匆匆忙忙去填坑的，不仅是你，你的同事，你们整个团队都是这种状态。只有你老板一个人在自嗨，那当然容易出问题了。"

"好像是这样矣，因为老板每天都是'暴走'状态，也一直说这个活动怎么怎么重要，但我总觉得和我没关系，好像还不如常规工作来的更让我重视。这是为什么呢？"

"首先，他没有营造这样一个氛围，没有让你们产生参与感，你们当然会觉得不关自己的事儿。拿我们江海少年通讯社一年一度的新年盛典来说，一个下午加上晚上，100多对家长与孩子，说简单点，就是给孩子们办的一场庆典，场地也有限，也没有动用多少资源，但为什么每年都不一样，每一年大家都很期待，并且从来没出现过问题呢？"

"准备工作做得充分？有经验？"

"不仅仅是这些原因。首先，我重视这件事，然后我会把这份敬畏心传递给下面的人，让他们意识到这个活动很重要，调动大家的积极性。另外，我会让我的团队，参与其中的家长、孩子都有参与感，让他们觉得这个庆典和他们是有关系的，而不是来吃个饭就走的。有些活动做不起来，或者说不吸引人，有定位不准的原因，但更多的是主办方没有营造出参与感，让参与其中的人没感觉，那这样的活动办过一次就不会给人留下什么印象了。"

"是啊，参与感很重要。"

"团队是需要通过不断磨合、合作来成长的。如果大家彼此独立，谁也不理谁，是不可能做大做强的，因为每个人只是在做自己，而没有集体观。如果我是你们领导，就应该知道调动大家的积极性有多重要，既然打算让员工参与，那么就该学会把事情分配到合适的人手上，达到众人拾柴火焰高的目的。"

阿涌叔叔相信你可以的——

职场牢记：小事不小。没有哪个项目是小到可以随意轻视，也没有哪份工作是卑微到可以随便它去。你今天的漫不经心，只会给你埋下懈怠、庸碌、无为的隐患，而不会使你更好。用敬畏心、认真的态度去对待你经手的工作，无论规模大小，抱着做大做成的心，全力以赴，这是对自己最负责任的交待。

感恩的心，
职场幸福的密码

让自己多一点点幸福感

　　老胡调任分公司的负责人之后，愈发操劳了，本来是升职加薪的好事儿，他却焦虑得一度想调回原来的岗位，安分地做个业务经理。在连着失眠了 10 天之后，老胡终于扛不住了，他找到了阿涌叔叔。

　　老胡也没搞明白自己的焦虑从何而来，阿涌叔叔便提议亲自观察一天老胡的工作状态。虽说一开始老胡有点儿拘谨，忙着招呼阿涌叔叔，但阿涌叔叔自动屏蔽，进入了"隐形人"状态之后，敬业的老胡就开始投入工作了。

　　一天下来，阿涌叔叔可算明白为什么老胡这么累了，结论就是："你管的太多了！"

　　"什么？"老胡有点儿不相信自己听到的。

　　"你连秘书一份文件弄错了都要亲自改，这不是给自己找事吗？"阿涌叔叔呷了一口茶，不紧不慢地说道。

　　"我能不管吗？这份文件是要发给总部的，怎么能出错呢，这个琳琳连这件事都做不好，我真想辞了她！"

"你看看，一份文件你就要辞退别人，人家真的一无是处吗？你的员工都不能用吗？"

"那……那倒也不是，工作还是他们在做，但真的不省心啊，我就怕哪里出错……"

"在你没有调到这个岗位的时候，你也是这种状态？"

"没有啊，说来也奇怪，以前我还是业务经理的时候，根本没这么累，只要管好自己这个部门就行，跟其他部门的关系也处得不错。"老胡慢悠悠地回忆道。

"因为你熟悉了那个岗位，熟悉了部门的人，你的晋升是一个自然而然的过程，而且它要求的是专业度和高质量，业务是集中的，所以你可以得心应手。现在的部门、职位都是全新的，压力一方面是来自你自身的焦虑，所谓能力越大，责任越大嘛！另一方面是你还没摸索出合适的方法去应对。"

"那我该怎么办？"老胡焦急地问。

"放宽心啊，下放一部分权力和职能，多相信你的员工一点，不需要事必躬亲，你掌握好大方向，对重要决策心里有数，其他细枝末节的具体工作，就让合适的人在合适的岗位做合适的事呗！你没发现你一出现办公室，大家都紧张兮兮的吗？"

"诶？唉……是啊，或许真的是我逼得太紧了，自己累也让大家受累了。这个分公司刚成立不久，大部分员工都是从总部抽调过来的精英，他们的能力是没有问题的，是我太怕搞砸了，就不停地逼自己，也逼大家……"老胡有些愧疚。

"人不是机器，工作不应该是每天机械地重复，也不是枯燥单调地执行。学会让自己每天都有幸福感，以一种饱满阳光的心态去待人处事。当你不舒服的时候，想一想这不舒服里有没有那么一点让你舒服的地方；当你不满意的时候，想一想这不满意里有没有那么一点让你满意的地方，然后把这些舒服和满意放大，让自己开心。不要总挑别人的缺点和错误，你的不相信也会让别人越来越没有信心。多信任、多鼓励，把自己的快乐和幸福也传递给身边的人。"

"是啊，总部都没给我这么大压力，我倒是杞人忧天了，自己快把自己吓死了，该改！"

"我不知道你有没有注意，你对职场的焦虑已经渗透到你的生活中去了，傍晚那会儿你接了个电话，应该是你孩子打来的吧，说实话，你的语气很不好，纯粹就像是在发泄。家人也好，同事也好，都要善待他们，关心他们啊！"

"是甜甜打来的，问我什么时候带她去海洋公园。这事怪我，半个月前就答应带她去的，最近忙着公司的事情，我就推掉了，孩子每天催，催得我心烦，今天没控制好自己的情绪……"

"既然认识到错误了，就赶紧带孩子去啊。孩子好哄，只要你心里有她；孩子也不好哄，如果你一味地忽视，违背诺言，那你在孩子心里的地位只会越来越低。真到了哪天孩子连催你都不催了，你可别怪我没提醒你！"

"是是是，我今儿个就回去给她做她最爱吃的糖醋排骨！"

阿涌叔叔相信你可以的——

快乐是自己的，也很简单，学会每天记录下自己的幸福点，提升自己的幸福指数，焦虑和烦闷自然没办法控制你、影响你。当然，幸福感不仅仅是自己的，在自己获得幸福感的同时，也要把这份快乐传递给身边的人，让周围的人也能收获满满的正能量。试想，在一个充满幸福感的环境中工作和生活，该是多么幸福的一件事！

要敬业，更要乐业

敬业，常常是职场中会谈到的一个话题，它是一种态度，也是一种精神，更是每个职场人应该具备的。而乐业指不仅乐意去做某件事，而且从中领略出趣味来，比敬业更为可贵。

方静和柳源差不多同期进公司，两个人一个部门，一开始起点差不多，资历也相当，工作能力都不错，两人关系也好，但是最近一次晋升，名单上只有柳源，而没有方静。明明两个人的业绩差的也不多，方静不服，找到老板。

老板只说是经过综合考量，认为柳源更合适。方静不依不饶，认为这个理由太牵强，便开始怀疑柳源是不是背后做了小动作，主动疏远柳源，甚至与她有些交恶，大有一副"一山不容二虎"的怨气。

其实两人都是老板手下的得力干将，出现这种胶着的场面也是他始料未及的，于是他便找来方静谈话，委婉告诉她："你能力是不错，但对这行的热爱还不够。"方静觉得这个理由太笼统，不是很信服。无奈之下，老板带着她跟柳源一起去找了阿涌叔叔。

"说我不敬业？我真的没办法接受，服务公司这几年，我勤勤恳恳，哪件事不是认认真真完成的，哪个业务指标不是圆满完成的，平时不要说迟到早退，就是请假几乎都没有，我不是不能接受别人比我优秀，但是不给我一个信服的理由，我过不了自己这关！"

方静说的都是实话，也确实是真心的，说到后来声音都有点颤抖，老板只得在一旁安抚："我们这次晋升只有一个名额，综合考虑觉得柳源更适合，你别激动，不是说你不好……"

由于事先跟这位老板沟通过，了解事情的缘由，阿涌叔叔便适时开口："不是说你不敬业，但是你不如柳源乐业，这个职位需要更多的激情和热情，所以不适合你。"

阿涌叔叔一番几乎没有感情色彩的陈述，反倒让方静情绪稳定下来了，"什么意思？"

"我不知道你们平时的工作模式，不过你们可以跟我讲讲你们在遇到同样的任务的时候，是怎么做的？比如一起做某个项目的时候。"

一旁的老板说道："之前我们有个活动是要开发一款和出租车相关的 APP，就成立了一个小组，我们主要负责前端工作，后来用了柳源的资料，还记得吧？主要原因就是她的数据更真实，更具有参考价值。而你做的分析虽然精细，但是数据却很模糊，在这种基础上的分析其实意义不大的。"

"这……这我知道，当时小组讨论了，我是服气的，但这说明什么呢？"方静问道。

"后来有次饭局，柳源无意间说出她为了得到这些数据和真实的反馈，本来地铁上下班，硬是改成打车，然后跟司机师傅闲聊。不仅拿到了我们需要的基础数据,还询问了司机对于我们这款 APP 的想法,给它的前景做了一个分析,意义很大。"

看方静不说话,阿涌叔叔转身问一旁的柳源为什么会这么做,柳源有点不好意思地说:"当时我想,咱们公司做的产品是全新的、功能性的,那肯定要能落到实处,不然做了也没用啊!这类数据我也网上查过,没合适的,所以我就想还是到生活中去找答案吧!"

顿了顿,她又说:"其实我上学那会儿就是这个性格,叫我做一件事,我总是希望在自己能力范围之内做到我的极限吧!以前大学要报道一个名人,其他人都找简报、上网查资料,我了解到那段时间他来我们城市参加一个签售活动,所以追过去拍到了照片,也了解到他更真实更直观的一面……"

"因为你发自内心地喜欢这些东西,你想要做好这些事情,所以你会想的更多,也做的更多。很多人有时候会觉得自己想做好一件事很难,无从下手。其实不是,是因为对那件事的渴望不够,想要做好的愿望不强烈罢了,然后最后用'我实在做不了'的理由来安慰自己,觉得自己已经做到了极限。"

"可是,人哪儿可能这么容易到达极限,还有,真的有极限吗?"问这句话的时候,阿涌叔叔的眼神扫过三个人,最后在方静身上停下。

"我……我,唉……"方静支支吾吾了很久,最终还是叹了口气,低下了头。

"从头到尾,没人说过你不敬业,我想你的能力大家是有目共睹的,所以你老板才会这么重视并跟你解释,甚至把你带到我这儿来,就是想解开你的心结。但你确实没有达到柳源的爱业乐业。或许在你看来,这只是一份工作,还称不上事业,你会努力去做好它,但未必能够全身心投入。这话没有批评的意思,能尽职尽责把本职工作做好,也是企业需要的。你以后还会有晋升机会,有发展,只是这次的职位不适合你。相信你的领导,他们商议出来的,是目前来说最合适的方案。"

"对啊,小方啊,你跟小柳在我手下干了那么久,就是我的左膀右臂啊,这次职位变动我也没想到闹成这样啊。你跟小柳各有所长,和和气气的,我们才能走更远嘛!"老板苦口婆心,一旁的柳源也摆低姿态,一起劝说着。

"这件事我想已经结束了,但是还有一点我要提醒你,因为一次变动,你就生出那么大怨气,甚至去朝你的同事开炮,你觉得应该吗?你可以有脾气,谁没脾气,但是公司是你一个人的吗?你可以不顾别人的感受吗?"

"我错了。"方静低头,嗫嚅道。

"跟我说没用。"

"领导,柳源,对不起,这件事是我太自私了,只顾着自己的情绪,连累你们委屈。对不起,实在对不起。"

"没事,没事,以后有什么啊,咱好好说。"

阿涌叔叔相信你可以的——

"把工作变成事业是幸运,把事业变成生活是幸福。"很多人勤勤恳恳,却始终没有在工作上有质的突破,有时候可能就是没跨过从"敬业"到"乐业"这道坎。敬业你付出很多,但可能有过抱怨辛苦的时候;而乐业是从心底里萌生出的热爱和激情,有动力,有目标,会自主地花心思去做好事情,在做成之后,幸福感也是大大增强的。

领袖

在工作中，好领导难求，而领袖更是可遇而不可求。幸运如小唐，就遇到了这么一位心中的领袖。

小唐就职于医疗行业，自身的履历本就十分牛气，三十出头，已经是地区负责人，曾创下三个月打开某地市场的纪录，而正常情况下需要一年，就职两年，从最底层逐级高升，成为地区负责人，手下掌管了五个分部。更令人惊讶的是，在两年前，他完全是这个行业的门外汉。

在很多人心里，他已经是神一样的人物。在问及为什么会在两年前毅然从一线城市辞职，回到这个二三线城市重新选择一个毫不相干的行业打拼的时候，他坦言，这座城市是家乡，在外已经闯荡很久，他想要回家闯一番事业。他曾经擅长的是管理和运营，在上一家公司已经做到了管理层。他自信于自己的能力，相信过往的经验和经历能让他重新干成一番事业。

所以他在综合了自身优势、地方市场和行业前景之后，选择了目前这家单位。当时，面试官给他的回复是："你的能力很强，但是我们需要有一定的专业知识,如果你要应聘我们单位,需要从零做起。"

小唐接受了这一挑战,一边重新学习,一边发挥自己专业所长,一步步走到了今天这个位置,现在的他俨然是很多人眼中的人生赢家。更可贵的是,他没有一点傲气,言谈举止风度翩翩,跟他接触过的人都称赞他好相处、够仗义且专业,很多人愿意跟他交朋友。

这样一个人,却在谈论自己的领导时一脸崇拜。他坦言,之前有幸在一次会议上见过这家单位的董事长,听到他的人生经历和发家过程,就被这位董事长吸引了,所以在考察了这家单位过后,他毫不犹豫地投了简历。

"我的董事长是一个专注做事业的人,他本人不爱参加那些大大小小的聚会,但是跟这个行业有关的学术会议他一定是冲在第一个的,他平时去的最多的地方就是研究所、大学啊。他也经常会进修一些课程,国内国外的都有,哪里的技术和理念先进,他就去哪里,学完之后,他还会分享给我们听,也经常拉着我们一起去学习。这么正能量的董事长,我们这些做下属的,都觉得特别积极阳光!"

"还有让我特别动容的一点,董事长真的做到了礼贤下士。其实我学历不高,很早出来工作了,优势可能就是工作经验,但是面试官没有因为我的学历拒绝我。在我花了几个月把这里的市场做起来的时候,董事长亲自带着几个副总一起到这个小城市来看我,真的让我受宠若惊。有一次,一个分店开业,我去剪彩,董事长弄错消息以为我在另一个城市,飞了几小时到那儿,我后来知道说要赶过去,他拒绝了,电话里对我表示祝贺和夸奖,然后自己又买了机票回总部。"

"不仅对我，董事长对其他人也是如此。由于行业需要，我们需要很多专业性人才，董事长每年都会去各大高校'挖人'，今年他还谈了好几所外国的学校，达成了合作，很令人钦佩。"

"第三点就是规范，我们在各地都有分部，但几乎没有在管理上出过岔子，因为我们有一套完整的体系，每个员工进来都是要先系统学习这些规范条例的，哪怕是保洁员和餐厅服务员都有。并且这些规定我们每年都会采用无记名投票的方式来进行修改和提升，确保它们不会过时。可以毫不夸张地说，从我们这儿出来的人，到同类型的机构都是吃香的。"

对于小唐口中的领导，阿涌叔叔认为他身上有几点特质，一是不断学习的精神，"活到老，学到老"。而他自身对于知识的渴求，对自我的高标准要求，也成功地影响了员工。无形之中的领袖精神和榜样力量，对于员工是最好的定心丸和强心剂。

另外一点就是他对于人才的珍视，并且懂得如何用人。把合适的人才放在合适的岗位上，才能最大限度发挥出优势，创造效益。他比常人做得更好的是，他把这种尊重做到了极致，放下董事长的架子，把得力的下属当作了和自己一起拼事业的伙伴。这样的情感维系，会让这个团队更紧密、更有冲劲。

当然，还有规则的制定，人性是最参差不齐的，一旦涉及有效管理，就不得不提规章制度。白纸黑字不仅可以公正地避免很多问题，也可以更好地组织管理，推动整个公司高效运营。

阿涌叔叔相信你可以的——

在职场中，能称之为"领导"的人很多，但是"领袖"却是万里挑一。能称之为领袖的，必然有其人格魅力，也一定是下属眼中的好领导。

切不可好为人师

"阿涌叔叔，我最近真是要被我们部门新来的小姑娘气坏了！"说话的女生钟灵已经工作快两年，而她抱怨的对象灿灿则是今年刚毕业的新人，来到公司刚满俩星期。巧的是，两人是校友，又被分到同一个部门，所以作为"长辈"的钟灵对灿灿可谓照顾有加，无论是工作上还是生活上都主动提供了很多帮助和指导。

"灿灿是新人，刚进来什么都不会，别人又不愿意搭理她，我担心她受冷落，所以不管做什么都带着她点。我想着自己吃过的亏犯过的错，提前告诉她，让她少走点弯路。她不领情也就算了，什么都是一只耳朵进一只耳朵出，到现在没有独立完成过一项任务，还总是出错，我真是很气！"

"所以你气她这个？"阿涌叔叔问道。

"不完全是，我想新人难免犯错，所以也是一遍一遍在教，但她刚工作两个月，突然辞职要去考研了！这个消息还是我领导告诉我的，所以我这俩星期做的这些，被人好心当成驴肝肺了？"

"本来就是你管的太多。"阿涌叔叔这一句结论让钟灵有点懵圈，也许还有那么点儿忿忿不平。

"你为那个女孩做的那些，她需要吗？她主动提起过吗？你问过她想学习吗？"

"工作，不就是从头开始学习吗？"钟灵不解。

"那是对于想学习、想认真工作的人来说，那个女孩恐怕根本就没做好要开始工作的准备，所以她不在乎，可以轻易说辞职就辞职。懂吗，你们俩想法根本不一样，所以你做的再多，她也不见得领情。"

"我没想过要得到什么回报，只不过新人刚开始工作真的很不容易。我刚到单位的时候跌跌撞撞，那种无助但是没人帮你理你的感觉真的很糟糕，所以我希望尽自己的一点力量，让我的学弟学妹们能顺利点儿，这么做错了吗？"

"你可以说可以教，但首先要注意分寸，什么是你可以帮的，什么是你不该帮的，有没有逾矩，有没有多管了本该是你同事领导该管的事。我们常说为人师表，这是可以，但千万不要超出界限去好为人师。你对你同事的指导，有没有哪些是过了的或者不该由你来做的，你可以想一想。"

"其次，把真心的帮助给有需要的人。这里所说的需要是指，有需求并且有想要改变的愿望。人很奇怪，主动给出去的，别人往往觉得廉价，就像超市里明码标价的货品永远比赠品好像来的贵重一点，其实材料不就是一模一样的吗？所以你要等，等真正有需求的人来找你，让他问，你选择是否回答。"

"灿灿一开始也问过我一些问题的呀，那她也是有需求的，不是吗？"

"别急，这就涉及第二个要点，对方是否具有想要改变的愿望。明显看来,你的同事不具备这一点。前几天,有个家长来找我,他觉得自己的小孩有很多问题,他迫切想要得到解答。当我分析出原因的时候,他表现得很兴奋很急切,但当我提出解决方法是需要他和他小孩做出一些改变的时候,他就显得很不耐烦,不想听也不愿意听。因为于他而言,不过想要一个心理安慰罢了。那么对于这类人来说,你的帮助也是多余的,因为他们安于现状,心里只听得到自己的声音。"

"我好像明白了,这样的人好像很多,不单单是我,我的同学、朋友都遇到过这样的人:对什么都不感兴趣、轻易辞职换工作、不珍惜别人的善意、动不动就怨天怨地的……大概就是既没有要求又不想改变吧!"

"一般来说,有两类人,一类是完全没有想提升自己的意识,另一类是你提什么意见,他都回答'好好好',但不肯去做的人,这两类人都很难在职场有所作为。先思而后行,知行合一,才能从根本上推动自己往更优秀的方向发展。"

阿涌叔叔相信你可以的——

　　在职场,互相帮助互相鼓励的前提是彼此都需要,并且想要改变和提升,而不是一方踌躇满志而另一方无动于衷,否则不仅会造成付出与收获无法成正比,还会加剧同事之间的不合。有想要力争上游的人,就有甘于平庸的人,与其花力气去改变和自己道不同不相为谋的人,不如花更多时间在武装自己和寻找想法相近的人,那或许效果会更好。

年终奖引发的风波

临近过年，梅梅却一脸愁容地找到阿涌叔叔，就因为她的丈夫做了一件蠢事。

梅梅的丈夫建国是公司的一个主管，干了好些年，能力还不错，本以为有望明年能受到提拔，升职加薪，却等来了老板一句劝退"你另谋高就吧！"因为在得知自己今年年终奖金数额的时候，建国认为远低于自己的预期，而他所在的部门今年效益不错，他便认为老板对他有所保留，甚至有意苛刻，便借着聚餐时的酒劲，向老总提出了查公司总账的要求。

"于情于理，你老公既不是公司的股东，也不是合伙人，根本没有资格要求看账，首先他就没摆正自己的位置。"

"他也确实是急了，这年终奖实在寒碜了点，听建国说他们部门今年做得挺好的，业务也多，不应该就这么点啊！"

"不过，他们老总还是给他看账目了，财务状况不如建国想象中理想。但既然当时那么爽快就给他看了，我以为他老总不介意呢，但谁曾想最后……"

"往浅里想，这可能只是下属对年终奖不满意，提出了质疑；往深里想，这不仅是对上司权威的挑战，更是对他的不信任和不尊重啊！他掌管着公司的运营，组织管理也好，财务也罢，他有自己的调度，或许未必做得周全，但自己的下属竟然以这样直白的方式去质疑他，不说面子上搁不住，这明摆着就是员工不相信他。那他有什么理由去相信这个员工，重用这个员工呢？"

"建国做事确实有时候不经过大脑，但他没有坏心，本来他呢不会提这种无理的要求，因为在这之前，他老总当着大家的面提过好几次要犒劳大家，年终奖会有惊喜，所以建国就盼着呢，谁知道最后盼来了惊吓啊！"

"也许他上司在说的时候确实效益不错，确实想犒劳大家，但到年底清算的时候发现没办法兑现；又或许他只是说说而已，他可能做得不地道，没有站在员工角度考虑，但是做下属的，与其花精力去揣摩老板的心思，抱着一句口头承诺去做事，还不如做好自己！员工就要遵守员工的本分，老板不会因为你的想法而左右他的决定不是吗？你的不甘心、不开心，对他来说根本没有意义，只不过给自己徒增烦恼罢了。"

"那阿涌叔叔你说，这份工作还有没有回旋的余地，建国还是想做下去的。"

"既然老总都这么说了，那还有什么必要呢？即便他不说，对于你老公来说，以后在这个公司晋升也会很困难。不仅仅是他老总，这么一闹，你老公心里肯定也膈应，他们俩现在是彼此不相信对方，无论这个账单亮不亮出来，两个人都不可能再毫无保留全力以赴了。一个不能尽心的员工，老板为什么还要用他；同样的，老担心怀疑自己上司压榨自己的员工，哪还有心思好好干呢。"

"是啊,建国回来还跟我说,他怀疑老板给他看的账是假的,否则怎么会这么爽快……"

"你看,你丈夫的不安全感和不幸福感都是来自他自己,账是他提出来要看的,看了之后不舒服的还是他,那老板无论怎么做他都会不满意,何必还要留在这个公司给自己添堵呢? 但是他这个心态不对,如果一直抱着怀疑别人的心理,那么不管到哪里,都做不开心,也无法满足。"

"当然,或许也是这个公司的环境、制度、人际关系,有让他感受到不舒服的地方,长期压着,年终奖这事只是一个导火索,引燃了他的不满。那这种情况下,不是更没有待下去的必要了吗? 如果他有足够的实力,那么去别处也可以发光发热的。"

阿涌叔叔相信你可以的——

在职场中,员工和领导之间的默契很重要,彼此之间的信任更重要,因为这是决定双方是否能够配合好,各司其职把事业做好做大的基础。如果一个员工常怀疑上司亏待自己、甚至欺瞒自己,那无论是心理上还是工作中,尽心尽力的程度都会大打折扣,也不会开心。而如果上司不相信员工,那也无法更合理完善地开展管理统筹工作,团队不稳,又怎么能更好地发展呢?

同样的薪资，不同的幸福感

　　小宇毕业后在一线城市打工，前几天，他接到了姑妈的电话。原来在家乡政府工作的表弟突然要辞职，想去小宇工作的城市发展，家里人怎么也劝不住，姑妈便想到让一向跟表弟关系很好的小宇去劝劝他。

　　"你说这家伙怎么就身在福中不知福，好好的工作不做，非要来大城市受苦！"苦劝表弟无果的小宇忍不住向阿涌叔叔发牢骚，并且想问问应该怎么劝服表弟。

　　"你的意思是你一直在受苦咯？"阿涌叔叔笑着反问。

　　"我在外面晃了一年，实在觉得不容易，一年到头来都攒不了几个钱。他在家里多舒服，吃住用都是家里给的，还给他买了车，每个月也有 5 000 多元收入，多好啊！"

　　"你们不都是 5 000 多元收入吗，怎么听着你这里像地狱，他那里就是天堂呢？"

　　"那不一样，我要自己付房租和水电煤气费，稍微生个病就去掉好多，再买买这买买那的，而且大城市的消费多高啊！"

"那你愿意回到小镇上工作吗？或者说你为什么还要坚持留在大城市呢？"

"这……"小宇迟疑了，久久没说话。

"因为大城市有机会，有自由，有广阔的发展前景，能接触到更新鲜的事物，对吗？"

"我不确定，我一毕业就去了大城市，如果我考上了公务员，可能也就留在了家乡……"小宇说出了自己的想法。

"那你为什么不去考公务员呢？"

"这也不是想考上就考上的，就是因为不容易，我们都觉得表弟运气真的很好，不应该就这么放弃了。"小宇急急解释道。

"我要替你表弟哭了，千辛万苦考上的公务员被你们说成运气好，你们不是他，又怎么知道他为了考公务员付出了多少。笔试面试，百里挑一，只是靠的运气吗？"

"你和他爸妈，有问过他为什么放弃现在这份工作，要去大城市吗？他的想法你们倾听过吗？"

"还不是过得太顺了，闲不住了呗！"小宇不甘心地回应。

"你这是刻板印象加无端猜测，先了解才有资格发言。为什么你表弟要按照你们的意愿去过活呢，是好是坏都是他的人生啊，他不能选择吗？就因为你们比他多吃了几年饭吗？你或者他的家长有足够成功到可以对他的人生指指点点了吗？"

阿涌叔叔放缓了语气："如果我是你，我会先了解表弟的想法，来判断他是有计划还是一时冲动。然后，我会把去大城市工作的利弊分析给他听，针对他的疑惑给一些力所能及的意见，但更多是尊重他自己的意愿。人生还这么长，不要轻易左右别人的选择，是福是祸，要自己去闯。再说了，也没有一辈子的好坏，福兮祸之所倚，祸兮福之所伏嘛！"

"我倒觉得，比起你表弟，你的问题更大。你太没有安全感了，幸福感也低。你表弟之所以能放下你们眼中所谓'铁饭碗'的工作，那是因为他拥有过，他至少比你多了一个选择。如果你是他，我相信也不会那么执着于这份工作。衡量工作好坏的标准是什么？轻松？体面？工资高吗？每个人都不一样，所以幸福不幸福只有自己知道。"

"一份工作给人的幸福感和满足感不是在于那些外界条件的，更多的是你自己的内心。如果你能看到工作中的好处，珍惜当下，那不管别人说什么，都不会轻易影响你的心情；如果你每天自怨自艾，不知满足，那不管你换哪个岗位和公司，都不会开心，对吗？"

"是是是，我明白啦！该反省自己。"

阿涌叔叔相信你可以的——

职场的奇妙在于它有磕磕绊绊的曲折，也会给你意想不到的快乐。每个人从中获得幸福感的方式都不同，也许是可观的薪资，也许是对梦想的契合，也许是融洽的工作氛围，也许是积极和善的同事和领导……找到让自己幸福的点并为之努力，职场就不会亏待你。

羡慕嫉妒别人，对自己现状各种不满，并不会给自己带来任何好处，只会不断消耗自己。与其操心指点别人，不如多想想如何让自己变得更好。

要学一辈子的包容和感恩

冬姐是一家企业的高管，每年手里带无数新人，职场人的百态她都看在眼里。最近，她和阿涌叔叔相约小聚，闲谈中她聊起了自己手下最近的几个新人。

"小甲是个很努力的姑娘，有想法有上进心，同期的另外几个人都不如她。其实我们啊，很乐意有这样的员工，按她这样发展，不出几年就能独当一面了。但这姑娘啊，太在意别人了。"

"在意别人对她的评价？"阿涌叔叔问道。

"不是，她在意别人的工作态度和工作能力。其实现在有很多人工作不上心的，还有些特别娇气的，全才又谦虚的职场人很难得。看得出来，小甲对自己要求很高，但是她对别人抱有的期待也很高，今天谁谁谁偷懒了，明天谁谁谁做错了，她都记着呢，而且很不屑，有时候还要跟我们这些'老人'告告状。你说这孩子是不是'认真'过头了？"

"那她其实还是在意别人的，也许她心里也有些担心别人超过她，会有比她更厉害的人替代她，所以心里才会产生这种焦虑，忍不住去关注别人的一举一动。不然是工作不够吸引人还是业务不够忙，操心自己都来不及，还有功夫操心别人？"

"其实在我看来大可不必，她只要能做好自己，不会差的，管别人那么多干嘛？我感到她有些僭越了，用人嘛就是用他能用的那部分啊！"

"说到底还是格局不够大，不够包容。她看不惯的那些人都是她的同事啊，一个团队，抬头不见低头见的，去挑别人的刺不就是在打团队的脸吗？从长远来说，这对她也没有好处啊。"

"就是这个理！说到包容啊，我一同行，四十几岁的人了，死板得要命。看到小伙子打个盹也要说，小姑娘玩个手机也要说，要是把早饭带到上班的地方啊，不劈头盖脸骂一通是不行的……要我说，我们这个行业是个年轻的行业，规章制度固然要有，但有些事还是可以协调的嘛！"

"你是想说管得住人，管不住心也是白搭，对吗？"

"是啊，我隔壁部门管互联网的老纪，平时跟几个小年轻关系就很好，虽然他们几个早上上班总是一副没睡醒的样子，讨论'下午茶'比工作要更激动，但是人家老纪就知道睁一只眼、闭一只眼，只是把每天早上要做的事情吩咐好，规定时间内验收。几个小年轻做得开心了，效率自然也高了。"

"这是管理的一种理想状态，但是要做到这样并不容易，员工的整体素质、管理者的方法得当与否以及个人魅力，都是至关重要的影响因素。不过啊，工作要认真，但的确不需要太较真。什么都想管、什么都要抓的领导，本质上是没那么相信自己的员工，这得多累啊！"

"还是要多包容些，能允许别人犯错，能包容他们身上无可厚非的小缺点，同事关系也好，上下级也好，不需要苛求对方完美。留一点让别人进步的空间,多看到别人的好,多欣赏别人的美,这样大家才能和谐、一起进步啊!"

"只有包容恐怕也不够吧,肚子里能撑船的宰相要是遇到的都是'白眼狼',那可要翻船了!"冬姐打趣道。

"这不我还有半句话没说呢,就是要学会感恩啊!感恩你的同事、客户、领导,甚至对手;感恩工作中遇到的不如意,感恩别人让你有过得不舒服,更要感恩别人对你的提携与帮助。独立于职场,仅凭一己之力,成长速度是很缓慢的,在与人的交流交往中,才可以发现自己的不足,快速地学习成长,所以不应该感恩吗?"

"是啊,包容和感恩这两点,值得每个职场人用一辈子去学习,不仅仅是工作,这更是生活的智慧、生命的智慧!"

阿涌叔叔相信你可以的——

职场中除了过硬的技能,还有一些软素质也很重要,比如学会包容,懂得感恩。包容别人的缺点,包容工作的欠缺,包容也许并不完美的公司,练就一颗宽容之心,少挑刺,多看到那些闪光点,也记得多给别人机会。当你包容别人的时候,别人也会善待你,你眼中的世界会变得清明美好。

而感恩则会让人更谦卑,懂得尊重别人的同时更加收敛自己的戾气。职场不是修行却胜于修行,感恩会让人更加珍惜现有的一切,拥有更强的幸福感,而在满足中也更容易获得自己想要的。

我要下班了，有事明天再说

阿列一大早就气冲冲地跟同事抱怨自己昨天的经历："我家的窗户不知道被谁砸裂了，去找物业反应这个情况，想让他们尽快解决，以免玻璃掉下来砸伤人。可那个物业工作人员听完竟淡定地回了我一句'我要下班了，有事明天再说'。怎么会有这样的人啊？"

有些同事同情阿列的遭遇，有谴责物业不作为、没责任心的，还有人提出：站在物业工作人员的立场，确实已经到了下班时间，人家可以拒绝你，他肯加班为你解决问题是情份，不做也无可厚非。

阿列被这句话噎得说不出话来，从逻辑上来说确实没毛病，但他感到不舒服，于是就把事情完完整整地跟阿涌叔叔说了。

"从规章条例来说，这个工作人员可以到点拍拍屁股走人，但工作真的只是这样吗？你不考虑用户的需求，不考虑自己日后的发展，不考虑如何为公司创造效益，为自己积累经验创造价值，这样的工作有意思吗？"

阿涌叔叔一连串的反问让阿列顿时懵住了,他停了停继续说道:"工作要是靠别人用时间表和任务安排来约束,未免太无趣,当然,有人有追求就势必有人安于现状,工作 8 小时就拿 8 小时的工资,道理上没问题啊。所以这件事是看人的,你遇到的这个事啊放到职场中,就是最常见的愿不愿意多付出一点的问题。"

　　"哦?怎么说?"阿列的好奇心被勾起来了。

　　"假设你今天已经完成工作了,也到了下班时间,但突然来了点儿急事要你做一下,你会不会做?"

　　"看什么事情吧,要花多少时间,还有对方急不急?"

　　"那如果你帮忙做了,拿不到加班费,别人也不会知道,你还愿意做吗?"

　　"这……"阿列迟疑了一下,"你问我第一个问题的时候我没想过这两点,但事情真的紧急的话,我应该也不会想那么多。"

　　"你看,同样一件事,不同的人会有不同的反应,有些人计较得多,有些人不计较;有些人多做一点,恨不得全世界都知道,也有人是出于本能的;还有人锱铢必较,非要用报酬来衡量,也有人觉得举手之劳笑笑就过去……这些回应不分对错,但反映了一个人的职场态度。"

　　"是啊,有时候找人帮个小忙,明明是举手之劳的事情,各种推脱,别提多难受了。"阿列叹息道。

　　"但你要知道,厌恶别人的人,总有一天自己也要被厌恶的。你想让自己过得舒服,聪明的做法就是让身边的人舒服,不要计较那么多,不要心疼自己的付出。"

　　"有时候我们在职场吃闭门羹、被嫌弃,要先反思一下自己平时做的到位不到位。"

"论平时默默给自己攒人品的重要性?"阿列打趣。

"为人处事可以说是职场中的无形资产了,别说工作,生活中也是如此。我们不是机器人,不应该把所有事算得很精准,分毫不差地去做。多做一点未必就是吃亏了,斤斤计较也不见得就占到便宜了,做人的眼光还是应该长远一点。当然,凡事量力而行,不要逞强。"

"还是那句话,要让别人舒服,更要让自己舒服。"

阿涌叔叔相信你可以的——

学会工作任务不要只用上下班时间来规定,加班不要只用加班费来衡量。身处职场,不要锱铢必较,不要总觉得别人欠你的,也不要总认为自己在吃亏。学会享受职场,让自己舒服,而让自己舒服的前提,往往是让周围的人也舒服。人与人之间是相互帮助的,一味索取不懂付出,那么别人也没义务为你多做点儿什么。一旦让别人对你形成"自私冷漠"的印象之后,你将会失去很多东西。

那个『骄傲的、不容置疑的』你

在职场中，我们不可避免会遭到质疑、反驳，甚至批评，对于这些让人不舒服的声音，你是坚持自我，始终觉得自己是对的呢，还是虚心接受呢？很多人或许会说看情况而论，但事实是真的有那么多不同的情况吗？

又到一年毕业季，艾子手上带了不少应届毕业生。一次，一个叫萱萱的姑娘因为做错了点事被老板劈头盖脸责备，小姑娘可能是第一次被这么严厉地批评，两眼泪汪汪的，咬着嘴唇不说话，到最后点点头表示接受。

等老板走了之后，只剩下艾子和萱萱，给小姑娘递了张纸巾之后，艾子开口："其实你心里不接受是你的责任，对吧？"

萱萱抬起泪汪汪的大眼睛，不可思议地望向这位和她差不多年龄的前辈。

"因为你一句话都没说，真的打心眼儿里接受批评的人不是这样的反应。"艾子看向窗外，缓缓说道："以前我也像你一样，觉得这些老板、客户啊怎么那么讨厌呢？动不动就这个不满意、那个有意见，轻易否定我的工作成果。有时候即便是自己没做好事挨训了，也会想'你们干嘛要凶我呢，好声好气跟我说，我也会改啊'，你也这么觉得是吧？"

"嗯。"萱萱默默点头。

"事实是不管别人是轻声细语的劝告还是凶神恶煞的批评，你听不进去就是听不进去，和别人无关。如果你意识到是自己做得不对或是不足，那么你只会在意别人说的那些内容，而不是形式。"

"我以前脾气也倔，看不惯的直接顶嘴了，尤其是我觉得自己没错的时候，恨不得让对方向我道歉；后来觉得说多错多，明面上不说了，但心里还是不爽不服气啊！但其实你想想，这除了让自己不舒服，你能影响别人什么呢？什么都没有。"

"有时候别人给你提意见，尤其不止一个人的时候，不要嫌烦。你觉得有道理的时候，积极点去改；一下子不认可的观点也可以尝试去听一听，用你的行动证明谁对谁错，而不是逞强。"艾子说道。

显然，萱萱心里还没有认可艾子所说的，她便把这事跟阿涌叔叔说了："工作之后的人真可怕，脾气都被磨平了，除了妥协还是妥协，原则都没了。"

"你觉得什么是原则呢？"阿涌叔叔笑着反问。

"总不能别人说风就是风吧，总得有点儿自己的主见。"萱萱反驳道。

"但主见不是通过脾气来证明的。艾子是你的上司对吧，她的工作能力怎么样？"

"挺厉害的，基本上一个任务交待下来，她很快能得出最优解。平时不怎么见她发火，比那个凶我的老板好多了。"

"你看，你老板也是艾子的老板，她以前肯定也被凶过，为什么人家越做越出色呢？因为她分得清轻重。有些事情你不需要去争辩，因为那不会影响结果。如果你今天挨一顿骂，把事情做好了，或是今天没人搭理你，工作一直完不成，你选哪样？"

"我……我！"萱萱一下子不知道该说什么了。

"如果你老板不是因为个人情绪挑你的刺，而是就事论事批评你，告诉你错了，那你应该感谢他，在你还是一个新人的时候指出你的错，把损失减小，而不是看见了却不管事。当然，也有人真的就是找茬。你做得已经很好了，可他误会你或是没来由朝你发火，他可能是你领导、同事或是客户，但你凭良心说，这样的人是经常出现的吗？"

"所以你没必要揪着偶然事件不放，把自己受到的所有委屈都归咎在别人身上。你要是跨不过自我反思这道坎，那真的很难有突破和进步。"

阿涌叔叔相信你可以的——

在别人给你提意见的时候，无论对方是语气和善还是说话难听，抛开传递信息的"外在"形式，能够认真去听这些意见，并反思能否帮助你变得更好，这是成熟的职场人需要学会的一项技能。我们去抱怨别人凶神恶煞去讨厌别人鸡蛋里挑骨头，除了让自己心里不舒服、处境更艰难，或许起不了任何实质性的效果。尤其是初入职场的新人，在你还不够成熟的时候，多用忍耐和虚心来替代你的冲动和怒火。

这不是让你收敛锋芒磨平棱角，而是在坚持自己底线的情况下更从容大气地面对问题。

职场，谁该对你好

秋水是一家仓库的主管，女儿刚考上一所知名的大学，她可谓事业顺利，生活如意，夫妻和睦。在别人都羡慕她是人生赢家的时候，她却为一个埋藏了多年的秘密而苦恼。

"我妈妈在我很小的时候就去外地工作了，一年到头见不到她一次，直到我上了大学我们才住一起，不多久我就结婚了，也搬出去住了。我妈几乎缺席了我所有的成长过程，我的青春期、叛逆期、恋爱期，别人都有妈妈陪着，我却只能把心事憋在肚子里……"

秋水缓缓讲述自己跟妈妈的故事，有不甘，有抱怨，也有遗憾。"现在她身体不好，空的时候我也常去照顾，吃的用的都买好，外人都觉得我们这一家其乐融融，我却觉得很讽刺。我没办法跟她真正亲近起来，连叫一声'妈'都觉得别扭。这个心结我不知道怎么打开？"

"她外出工作是为了什么？"阿涌叔叔问道。

"赚钱啊。"

"那赚钱是不是为了让你有更好的生活?"阿涌叔叔又问。

秋水沉默了一下,缓缓说道:"我知道是这么个理,但是我心里过不去。"

"你现在自己成家立业,就该知道成年人的世界有多不容易,不能两全的事情很多……"简单又质朴的道理似乎也没能打动秋水,阿涌叔叔顿了顿问:"为什么没听你说爸爸呢? 他让你很满意?"

"爸爸跟我话不多,小时候两个人经常大眼瞪小眼的,脾气也不太好,做饭也不怎么好吃……"

"那这么多缺点,你为什么觉得只有跟妈妈有心结呢?"阿涌叔叔打断秋水的话,说道:"如果真要说有怨言,那也应该是你爸爸对你妈妈,你妈妈外出打工,照顾你的担子就落到你爸爸一个人头上了,小丫头又有这么多心思和情绪,他还要兼顾自己的工作,常年见不到自己的妻子,他心里有不满我能理解,怎么反倒是你怨气那么深呢?"

"大概是你跟父亲朝夕相处的时间多,虽然有不满,但是你也看到了他的付出,所以你不愿怪他,而把情绪发泄到更疏离一点的母亲身上,但她到底哪里惹你了呢? 你过去那么多年里遇到的不开心的事情,有几件是她直接影响到你的呢?"

"父母给了孩子生命,其实已经是最大的馈赠,作为儿女,不要觉得父母有义务给你什么,他们让你有了看到这个世界的可能,就应该去感恩。但他们额外还给了很多,不求回报,以至于太多人在成长过程中觉得父母做什么都是理所应当,可仔细想想,我们能为父母做什么,又为他们做过什么呢?"

秋水沉默了一会儿,喃喃地说:"的确……如此,我对我女儿没什么要求,不管她做什么,我都尽可能支持,不忍心责怪。想来我对我妈确实苛责太多，要求也太多，我也没好好跟她谈过，就是自己不痛快了这么些年。"

"家人如此，工作上其实也是这个道理。不要一遇到不顺心的事，就觉得是别人欠你的，同事不配合、领导不理解、客户不领情，他们没有义务哄着你、顺着你，工作本来就不会事事顺心，公司也不是围绕着你转的，所以不要觉得什么都是理所应当的。"

"你这么说倒是真的，只要和人交往，肯定有不顺的时候。"

"一样的，到哪里都会有问题，我们谁都不想有矛盾和麻烦，但只要生活着，就避无可避。那么要把这些不如意累积起来吗？还是尽可能消化掉、淡忘掉呢？就像你的心结，如果你不愿意放下，它就一直在那里，其实对别人是没有影响的，它只会让你难受，那么又何苦呢？"

阿涌叔叔相信你可以的——

很多人在工作中遇到不顺心的事，本能觉得是别人欠自己的，同事不配合、领导不理解、客户不领情，责任是别人的，自己是最委屈的那个。但换一种角度想想，别人有什么义务照顾你的情绪，对你百依百顺呢？不过是每个人站在自己的角度和立场，想为自己谋得最大化的利益罢了。只要存在人际关系的地方，就会有摩擦和矛盾，在遇到此类不可避免的问题时，不妨先试着从自己改变开始，少一点介意，多一点释怀，把更多的心思放在自己能控制的、能帮助自己提升的地方。

转换方向，
唯有调整自己

挖不走的墙脚

　　爱情里有挖墙脚,职场中亦不乏这样的情况。当然,对于公司来说,它有一个更好听的名字,叫"高薪聘用";而对于职员来说,则称为"跳槽",现在我们就来谈谈职场挖墙脚那些事儿。

　　小唐在毕业后开了一家摄影工作室。他在大学里本就爱好摄影,也参加过不少比赛,攒了一些名气,一毕业,他就和几个志同道合的朋友一起开办了这家工作室。由于小唐比较善于交际,又是这个摄影工作室的牵头人,所以他自然而然地成为了负责人,其他人专心负责技术方面。创立之初倒也配合默契,可不到一年,小唐就遇到了一个棘手的问题——人员流动。

　　"昨天,又有两个人跟我提了辞职,现在工作室连我只剩下三个人了。"一见到阿涌叔叔,小唐就把自己的困境一五一十交代了。

　　"三个人能完成你们现有的业务量吗,或者说能不能维持公司的运转?"显然,阿涌叔叔并没有纠结小唐以为的困难。

　　"呃……这倒没有影响,我们的工作量并不是固定的,最近单子也不算多,但是以后工作多了人手就不够了……"

"不不，在我看来你担心的事情太远了，你现在要紧的是解决眼前的问题。"

"就是缺人啊，招不到有用的人。"

"人员流动很快？"

"是的。"

"我记得一开始跟你一起创业的都是你同学吧，他们还在吗？"

"呃……他们……走了有一段时间了。"

"有想过原因吗？"

"我们想法不一样，我想要做大，总得赚钱吧，他们觉得我接的单子太商业，不喜欢。"

"是个人，就不可能甘心蜗居一辈子。既然他们当初不顾一切跟着你干，说明也是有追求的，只不过这份追求现在变了味儿。你们当初一起出钱出设备办了这个公司，他们肯认你做领头人，意味着你身上是有个人魅力的，并且相信你。但是他们现在陆陆续续都离开，恐怕是你的管理出现了问题。"

"你的内部管理是怎样，我不想去猜测，但是我给你提供几种可能和应对方法，你可以自己对照一下。一是，你把别人当员工，别人把你还当兄弟，你们彼此站的立场不一样，也许在平时的处事过程中，你习惯命令而不是商量，导致他们寒心了；二是，不谈感情因素，那就是利益问题，也许是他们对这份工作失去了信心，想要转行；还有一种可能，他们仍然热爱这个行业，但你这里没办法给他们发展的希望了。"

"涉及情感的话，你需要反思自己的做人处事方式；涉及利益，那你就要思考自己现在做的这些是不是足够脚踏实地。如果你预先给别人画了一个大饼，因为华丽的表象，陆续有人被你吸引，但是最终大家发现是空壳，自然不想待，也不敢待。"

"每个人选择一个公司,总有自己的理由,也许是为了可观的待遇,也许是热爱这份工作,也许是看中了公司的资历和发展前景,也有人是因为领导的个人魅力。同理,你招人也一样,一开始那批人是愿意跟你同甘共苦的,但你失去了,那就不谈了。在这之后,你如果能找到合伙人,那你们在资源、利益、人脉、经营这些问题上,要协商好;如果你单纯是招工作人员,那负责营销的做营销,负责摄影的做摄影,负责销售的跑销售自然就可以了,只要你开出的条件和应聘者的需求不冲突就可以。"

　　阿涌叔叔说到这份上,显然已经戳中了小唐的致命问题,沉思了一会儿,他开口说了实话:"从我创业到现在,工作室的人大致换了三批,工作最久的大概也就四个月。除了一开始跟我那几个兄弟,后来招的人有不少很有本事,也是我花了大价钱从别的机构、社团和公司挖过来的,哪想到挖来的人这么不可靠。"

　　"用人不疑,疑人不用,不是挖来的人不可靠,是你根本不相信别人。如果不是待遇上的问题,那就是你待人处事上没有让别人信服。在你跟我说的时候,一直强调你公司的员工是外人,你保持这样的想法,自然会反映到你的行为上。员工感受到你的不信任,又没办法看到这个公司的前景,那为什么还要待下去呢?"阿涌叔叔指出了小唐忽略的关键点,反问道。

　　"好的领导,懂得认可员工付出的努力和工作的成绩。经过相处,不能为你所用的,大方让别人走;值得挽留的人才,自然也要拿出足够的重视,否则凭什么挽留住别人呢? 至于方法,你可以用薪资、可以用环境也可以用情分,能让别人感受到你的诚意就行。"

　　对比一下自己的所作所为,小唐有些羞愧,他表示自己今后会注意这个问题,放下自己的"身段",多换位思考,为公司的其他人以及整个公司的发展考虑。

解决了小唐的顾虑，阿涌叔叔也不介意多和小唐聊聊："对于职场中的人员流动，其实是一个常态，这涉及职员与单位的匹配度问题。除了人员与职位匹配之外，个人的价值观与公司企业文化之间，个人职业发展与公司战略发展之间，都要达到一致，这才是个人与公司稳定的决定因素。"

"我不建议你盲目挖人，你需要了解对方是出于怎样一种心态和目的答应跳槽。如果对方是不满意当前公司的现状（包括人际交往、待遇、环境、前景），那你要查看自己能为他提供的是否能解决对方的需求，然后在双方经过一致协商之后，可以选择共事；如果对方本来就是一个不定心，多疑且多变的人，那就是能力再高，也不能要。而且在同行之间挖墙脚，对你个人以及公司的声誉也并不好，招人需要沉得住气，不要贪图一时的需要，而影响长远的发展。"

"再说了，偌大的中国，就不能通过招聘网站、朋友介绍招到合适的人了？你说是不是？"谈话的最后，阿涌叔叔再度强调了自己的观点。

阿涌叔叔相信你可以的——

墙脚易挖不易守，你能通过易于复制的诱惑撬来的墙脚，那么当别人能付出比你更诱人的条件之后，这个墙脚就会失守。相对来说，通过常规招聘途径能减少这一尴尬。当然，招聘与应聘本就是一个双向选择，了解自己需要什么以及自己是否被需要，才是最重要的。合理且不可避免的人员流动，其实并不需要太在意。

你让员工学习了吗

　　老张经营着一家颇具规模的食品公司，从生产线到销售再到门店，一应俱全。虽然自家生意不错，但老张总觉得要跟上互联网思维，跟上时代创新才可以，所以各种培训、讲课、训练营，一有机会就去参加学习。老张从中确实接触到很多新理念、领先的管理方法和经营之道。每次听完回去，老张就像打了"鸡血"似的，整个人干劲十足，但与之相反的却是整个公司的不温不火。

　　"我们这个公司要创新，不创新很快就会被时代淘汰，要发展就要改革啊，可公司这群人怎么就拨不动呢?"老胡问阿涌叔叔，一脸恨铁不成钢的样子。

　　"你都哪儿听来这些理论，怎么跟打了鸡血一样，该不是被成功学洗脑了吧!"阿涌叔叔调侃道。

　　"哪能啊，这可是我花了好几万去听得一个国际课程啊，那老师讲得特别好，他还说了……"

　　"得得得，那你觉得这课这么好，有没有带管理层一起去学习?"

"这么贵的课,名额还要抢,哪能带这么多人一起学呢?"老胡直摇头。

"那你学完之后,有没有回公司和其他人一起分享呢,管理层也好员工也罢,他们知道这些课程吗?他们懂得这些理念吗?他们能体会到你的那种热血吗?"阿涌叔叔一连问了好几个问题,老胡有点儿招架不住了。

"这倒没有,我也不知道该怎么说啊,我又不是做演讲的,没办法把这些内容逐字逐句地传达啊,说多了吧,又好像抓不住重点……"

"那你在公司就是喊口号咯!这么没头没脑的事情,你叫别人怎么理解?你去听个课,人家好歹事例理论一大堆,至少讲个几小时吧,完了你回公司就喊一句'我们要创新',你这不是为难人吗?"

顿了顿,阿涌叔叔继续说道:"你的核心思想没有问题,学习和创新确实是一个公司得以发展的动力,但你要构建的学习型公司,一定是全员同步学习,而不是你一个人一枝独秀。你想想,一辆车,如果只有方向盘知道目的地,它拼命转,但是轮子一无所知啊,就保持不动,两者失去有效联动,整辆车不还是原地踏步吗?"

"这个操作起来也不难,你可以先带着管理层一起学习,定期做分享呗。首先要让你身边的人懂你的思路,况且一个人容易走进死胡同,大家一起集思广益,创造出的价值或许比你单打独斗要高。然后由管理层逐级把新的理念、方针传达给下面的员工,你总得告诉大家你为什么要这么改,这条路对公司未来的发展有什么好处吧!没有人会拒绝往前走的,但是你这个推动力要到位。"

"你说的对，本来我每次兴致都特别高，想要大干一番，结果别人要么不理解你，要么就是执行得不彻底，搞到最后我都失去激情了。"

　　"你失去激情，公司带不动的原因，除了你没有广泛地普及理念，还有一点就是你没有学会筛选信息，你听了那么多课，当真都适用于你们公司？诚信、创造、坚持……这些品质，本来就是从业之道啊，只不过你听完课之后被强化了这些理念。那么这就涉及你如何把真正核心的一些体系和价值观传达给公司的其他人。"

　　"而且在我看来，空泛的理念不用大张旗鼓地鼓吹，你们是食品公司，想要保持创新，那应该加大市场调研、加大新品研发和推广力度啊。规范和理念这东西，光靠喊一时半会儿是没用的，应该是逐渐渗透。"

阿涌叔叔相信你可以的——

　　学习型公司的确是理想的发展模式，但很多人对它的理解只停留在概念上，学习不只是理论的传播，更是上行下效的实践。理论再妙，合适自家才最好，所以需要不断地尝试和摸索，没有一蹴而就的馅饼，更没有不需要实践的捷径。作为一个领导，如果你觉得决策执行得步履维艰，没人理解，那么问自己一句"你带着员工一起学习了吗？"

自己开店，咋就那么多的不开心

　　家伟开了一家餐饮店，选址在大学城附近，原先他想着学生的生意比较好做，有数量比较庞大的客户群，宣传推广方便集中，菜品以简单的炒菜、盖浇饭为主，走量就可以轻松赚到钱。可在兴致勃勃开店两个月后，他就不这么想了。

　　首先是店面问题。虽说选在大学城附近，但是店面比较小，也比较偏，不适合堂食，于是家伟决定调整为外卖。然而由于宣传没做好，开业的时候也没有激起多么大的水花。后来，他决定在外卖网上线，却发现如果要拼销量前期还要投入不少钱，甚至好几个月都要做亏本生意。当然最致命的问题还出在厨师身上，原本他和一个朋友合作，朋友负责做菜，但是菜品的口味平淡无奇，家伟在买菜上也掐不准，经常出现剩菜或者某个菜不够的情况。两人的矛盾开始变多，小店很快陷入了焦灼。

　　烦闷之余，他找到阿涌叔叔倾诉这短暂的创业过程，并且想找到重整旗鼓的办法。听完家伟的遭遇，阿涌叔叔找来了林深，一个和家伟差不多大的女孩儿，她也开了一家餐饮店，但不同的是，一年不到她除了自己的小店做得风生水起，现在还准备谈第二家加盟店。

"你开了什么店，面积多大，在什么位置啊，怎么能开那么好？"

面对家伟一连串的问题，林深有点不好意思地说道："我开的店很小，一开始只放得下三张桌子，现在我拿下了旁边一个院子，可以多坐几桌人了。地点也偏僻，在一条弄堂里，很多客人都说难找，我还特地画了个地图说明的。产品也不多，主打一个我们当地的特色菜……"

"怎么可能？那怎么赚钱！"家伟满脸的不相信。

林深也没多说，把手机上拍的产品图和店面给家伟看了，解释道："我从小就爱钻研吃的，以前也做过一些应季的小吃，在微信上卖过。一开始纯粹自己喜欢捣腾，下班或者周末做做，后来我的朋友和亲戚帮我宣传，口碑就这么传出去了，我就索性辞掉工作，专心做这个。在微信上卖，不需要开实体店，省下一大笔租金，一般接受预订我才做，避免浪费。大概做了一年左右，也赚了点儿钱，就租了个店面。虽然位置不好，但是以前的老顾客都愿意帮我宣传，所以问题也不大。主要可能还是产品好吧，做餐饮味道最重要！"

"我还挺骄傲的，自己做的这款菜，没有别家做过，所以才能一下子吸引那么多人吧！做餐饮其实很不容易的，现在太多人喜新厌旧啦，如果你没有特色，又没有岁月的积淀，你想打开市场是很难的。味道和配方要不停尝试，每次出新品我都要找很多人来尝试，综合不同意见去调整配方，有时候多一勺盐、少一勺盐就是天壤之别。我后天还要出发去广西，找找他们那边村子里的五色米，欸，你知道吗？"

"我没听说过……"听着林深侃侃而谈她和美食的故事，家伟有点儿尴尬。

"那你怎么想起来开店呢，你那个店面租金不便宜吧？"林深好奇地问。

"额……是因为……"

"他原本以为学生的钱好赚呗！"阿涌叔叔替家伟把话说完整了，继而分析道："你跟小林的出发点都不一样，基本上可以注定你们最终结果的走向也很不同。她是因为喜欢，所以才去做，自然尽心尽力，倒不是她没遇到问题，但是你听她说到现在，有一句埋怨和消极吗？她是把做餐饮这件事认真用心来做的，我们旁人都能感受得到。这样怎么可能做不好呢？"

"那我不擅长做菜，我就不能做餐饮了吗？"

"不是说不能，但你要尝试一个毫不擅长的领域对你来说是自找麻烦的一件事，你不知道菜价，怎么能找到便宜、质量又好的食材？你对食物的口味不敏感，怎么指导厨师改进？你不擅长营销，但你又想把这件事揽下来，不是很容易搞砸吗？"

"唉，我就是听说学校门口那个卖煎饼的都可以月入上万元，学生那么多，需求肯定大的啊！"

"那你分析过卖煎饼是靠什么盈利的吗？是所有煎饼摊子都赚那么多吗？还有你这个听来的，靠谱吗？"

"我……这，这倒没有。"家伟叹了口气。

"我们家小区门口也有个卖包子的阿姨，每天凌晨两三点钟就起床开始做包子，她卖的包子吧，也不是说多好吃，但是很实在，价格也公道。下雨天其他人不出摊，但是她会在那儿，所以大家就习惯在她那儿买了。赚的是应该还可以，她一个人供了两个大学生呢，不过这都是辛苦钱！"林深在一旁补充道。

"唉,我也是自己开店之后才发现原来那么麻烦,手头钱又不够,卫生啊,买菜什么的,都要自己做,每天累死累活的,生意还不好! 现在都不知道该怎么办?"家伟话里透着心酸。

"你要是想坚持做这件事,那就调整状态和方针,罗列你遇到的问题,找出解决的办法,推倒重来,不用害怕失败。店关了可以重开,士气丢了就站不起来了。当然,如果你仔细思考过后,发现自己确实不适合做这一行,那就去做你能做的,不要浪费时间。总之,没什么大不了的,你才多少岁,路还长着呢!"

阿涌叔叔相信你可以的——

开一家店,创办一个企业、建立一个品牌都不是一腔热血的事,需要勇气,更需要坚持的毅力和不畏困难的决心。遇到困难不可怕,怕的是没有继续下去和重头再来的勇气。当然只凭借一头热难以长久,决策者需要保持创意和活力,多去走多去看,不断学习,不断充实自己。时代或许会淘汰一个老旧的企业,但绝对没办法打败一个走在创新前沿的人!

要么远离他，要么改变他

每个职场人都要接触的三类人：上司、客户和同事，不同关系的处理便意味着不一样的考验。如果从每天接触的时长和频率来说，同事绝对是最频繁的存在。如果你像木子一样，遇到这样的同事，你会怎么办呢？

让木子感到烦恼的同事小 D 是隔壁部门的，以前两人只是打照面的关系，最近因为一个单子有了较为频繁的接触。只过了一周，好脾气的木子都忍不住想要骂人，原因就是小 D 太粗心了！

小 D 每次交给木子的材料都短斤少两，不是这儿缺了，就是那儿错了，甚至还有原封不动给他的文字资料，让他照搬都能缺一段的情况出现。一开始木子只当是意外，自己默默改了，也没多说。几次下来，她也有意无意提醒过小 D，哪知每次小 D 认错态度倒是诚恳，可下次还是错的。

由于木子的部门是负责整个项目的收尾工作，所以只有她自己心里清楚，小 D 这些大大小小的错误给她造成了多少困扰。

毕竟最后看的都是结果，一旦出问题，主要责任追究的肯定是最后一环。上司让她跟小D对接，非但没有减轻她的负担，反而无形中给她增加了不少工作量，连加班都多了不少。

木子一直在犹豫要不要和上司反映这一情况，但自己的上司毕竟不是小D的直接领导，她也不想落得在背后嚼人舌根的口实。这周末得空正好去拜访阿涌叔叔，恰好就谈起了这件事。

"遇到这种同事真是头痛啊，有苦难言，连个告状的地儿都没有。唉，不过想想项目马上就要结束了，熬过去一了百了，这个节骨眼上我可不想因为同事关系捅出什么篓子！"

"我也不建议你去找领导说你同事的问题，你要是说得不恰当，可不只同事之间产生嫌隙，说不定你领导也会对你有些看法。"

"唉，我就是有这个考虑，你说怎么会有这么粗心的人呢？"

"你同事可不只是粗心这么简单，他对工作没有敬畏心和责任心。他没把工作当成自己的，也没有为团队为公司考虑，因此也就没了上进心，这样的人哪有意识把事情做好呢？"

"啊，我跟小D才接触了两周，整个人已经快'爆炸'了，这要是天天一起共事可怎么受得了？"

"对于这样的人呐，要么远离他，要么改变他。你跟他是同级的同事，没有办法决定他的去留，如果你在了解到对方是这样的人，那么工作中尽可能避免与他接触。如果不得不共事，那不妨调整自己的心态，尝试帮助他改变他。"

"不会吧，我对自己可没有信心，就他那样，我不被他带坏就谢天谢地了！"

"哈哈哈，我话还没说完呢，你说你两个星期就吐槽成这样，他的同事和领导会没有感觉？会放任他这样？"

"也对啊,但是他领导怎么一点动静都没有呢?"

"等着吧!"阿涌叔叔最后意味深长地说了这么一句话。

果然不久之后,在木子这个项目快结束的时候,因为小 D 一个错误,导致一连串的不良反应,两个部门不得不一起加班,直接惊动了两个部门的领导和总经理。项目过后,木子听说小 D 被辞退了。

阿涌叔叔相信你可以的——

对于工作,如果抱着事不关己高高挂起的态度,也许短期之内自己觉得没有负担,但不管是对于公司还是身边的人,都会造成困扰。当小困扰越积越深,最终还是要让自己买单,职场之路也会走得异常坎坷。

而如果你遇到这样的人共事,要么远离对方,要么改变对方,不要因为对方的不作为而影响了自己的情绪和工作状态。职场中存在很多变数,也有很多不可抗拒的因素,不管什么时候,做好自己才是最重要的。

你真的不是因为缺钱

　　晓帆最近陷入了尴尬的境地，倒不是因为自己的工作出了差错，而是发小小惠抛给了她一个难题。

　　一个月前，小惠在发小群里突然宣布自己要做烘焙，希望大家一起帮忙。一开始，晓帆以为小惠是想开面包店、蛋糕房之类的，需要朋友为她宣传宣传，买买她的产品，倒也表示支持。因为小惠曾经跟着网上的教程做过几次甜品给他们吃，虽说卖相不怎么好，但味道还不错。

　　但小惠却说自己最终的目的是卖烘焙课程，光是卖产品不仅辛苦利润也有限，卖课程高级多了，单位时间内赚的钱比做几个蛋糕可强太多了。

　　"说不定我一火，还能成为美食博主呢，'网红'多赚钱！"这是小惠的原话。

　　"那你是打算辞职做这个？"

　　"我打算一边学，先做兼职，周末我有两天空余的时间，可以做了之后朋友圈先卖，最好能接一些甜品台的生意，听说这样更赚钱……"

"你这烘焙都没系统去学呢，怎么已经想这么之后的事了？"

"要是没有高一点的目标，怎么激励自己去做啊。来，我给你看看，我连计划都做好了！"说罢，小惠真的拿出一份电子计划书，上面有烘焙课程执行的步骤、时间、人员安排、宣传手段，等等，密密麻麻，还挺像那么回事的。晓帆看了好一会儿，才看到小惠给自己安排的任务——负责微博、微信的宣传。

还不等晓帆开口，小惠就说："你平时不是挺喜欢刷微博的嘛，'粉丝'也有几千，还会写点公众号，这两块的'吸粉'就由你负责了，身边的市场哪够呀，反正以后是打算在线授课的，肯定关注我们的人越多越好哇！也不用每天都发，一周三四次的频率应该没问题吧，还有铃铃喜欢拍照，以后宣传照产品图让她拍……"

小惠兴致勃勃地谈起自己的"宏愿"，似乎把身边的资源都利用起来了，但是晓帆却一个头两个大，尽管听上去自己的任务零零碎碎，难度也不高，但是累积起来的工作量可不是开玩笑的。况且从普通人到"网红"，哪有这么容易。

纠结了好些天，一边是小惠的持续不下的热情，一边是自己心底隐隐的排斥，晓帆最终还是找到了阿涌叔叔。

"我担心小惠，看她现在这么热情高昂，但是对市场好像有点儿盲目乐观。开店开课哪有这么容易啊，总得先有本事吧，但她现在似乎本末倒置，为了赚钱而去做事。唉，我也说不好，到底以什么为动力去做才更容易成功呢？"

"关键点倒不是目标定的高与低，而是自己的心态和决心，你确定自己想做这件事，无论遇到怎样的困难，足够坚定，不计时间成本，总能做出点儿成绩的。但你朋友有些急功近利了，她不是真的喜欢烘焙,所以她说的话也好做的计划也罢,不踏实。如果她今天是自己先去做了,或者她以前就一直有一些积累,你作为朋友是不是更放心一点,更相信她一些? 正是因为你知道她现在说的太虚,所以你会怀疑会犹豫。"

"是的。"

"她说动了这个念头的原因是因为缺钱? 她最近遭遇了什么变故吗?"

"没有啊,我们从小一起长大,她家就是那种小康家庭,父母对她也都不错,不是太非分的要求都会满足。后来大学念师范做老师,都是很顺利的事啊! 不过,她工作之后确实有点儿喜欢奢侈品,化妆品、包啊,这些东西不便宜呢,还跟我说羡慕谁谁谁的生活……"

"她不是真的缺钱,是幸福感太低。不去发现生活中的美,不懂得满足感恩现在拥有的一切,盲目羡慕别人的生活,同时缺乏对自己的自信和安全感。她呀,不该急着做什么兼职,先好好地把手头上的工作认真对待。要么就是想清楚后再去做别的,吃着碗里瞧着锅里,到头来不过一场空!"

阿涌叔叔相信你可以的——

嘴上喊着"我缺钱(我想赚大钱)",但在行动上又畏首畏尾人,在职场中幸福感是最低的。因为他们往往没有明确的努力方向,也不会踏踏实实地对待工作,从工作中取得成就感。

获取幸福感有很多种方式,未必要执着于眼前银行卡上的数字,先去做,尽力去做,投入去做,或许你想要的,不必苦寻,自然也就来了。

依赖员工的经营

　　阿吉开了一家教育培训中心，有特色的英文课程很快就在市区打响了名号，来报名的人络绎不绝。而课程火爆的最大原因就是那一批出色的英语老师，当初组建团队时，他们是一批年轻人，都怀着十足的冲劲，研发出了有别于传统课程的授课风格。阿吉自己虽然不懂英语，但却依靠于此，把培训中心做得风生水起。

　　成也萧何，败也萧何，不过三年，阿吉就遇到了一个瓶颈——当初那批英语老师，有三分之二一起辞职，另起炉灶。阿吉急得整个人几天都没睡着觉，但当时双方闹得很不愉快，他犹豫了很久，不知道是否该拉下脸面重新去追回那批老师。

　　"阿涌叔叔，你说我要不要多花点儿钱重新聘请那批老师算了，当初就是因为薪资谈不拢，我想想要不满足他们的条件，不然我这机构可怎么办，一下子没人了……"

　　"那如果他们过几个月再要求加工资呢？一直加到超出你承受能力范围之外呢？"

　　"这……我想着要不要先解决燃眉之急，之后我再招人。"

"那如果他们不吃加薪这一套呢，或者不管你提出什么条件，对方都不愿意回你的团队呢？"

"唉，我实在没想到他们联合起来给我整了这么一出，听说现在还准备几个人一起再办个培训机构，原来我们机构不少客户资源都在他们手里，估计要被带走了，气得我啊！"

"人家既然要琢磨着自己开店，就更不可能回你那儿了。再说你们之前闹得那么凶，你真当只有你心里有疙瘩？他们肯定也是不舒服的，互相猜疑之下，你们的关系怎么可能长久。"

见阿吉陷入沉默，阿涌叔叔直指问题的核心："你的整个经营模式和管理模式存在着很大的问题，而这一次的辞职事件只不过把这一问题提前暴露出来罢了。从你口中，我发现你这几年都过度依赖这几个员工，他们或许能力出色，给你带来了不少客户，但你怎么敢只依赖几个人呢？"

"你没有仔细去思考过，为什么别人愿意报你的培训机构，没有把本来的优势转换成你们独特的模式，要想真正站稳脚跟、屹立不倒，肯定要有别家不可复制的真本事啊！你想想，你现在如果只靠着几个人，那么且不说他们会不会做一辈子，别家培训机构如果招到了更好的老师，那你怎么办？"

"我确实没想过，从开业到现在，这几年一直很顺，我也没多花心思去管理团队。这一下子出了这么大一档事，我整个人都慌了乱了。"

"我倒觉得这未必是个大危机，挑战的另一面不正是机会吗？趁这次让你发现根本上的问题，尽快整改，不然把问题藏着掖着，等以后再爆发出来，可就不一定这么好收拾了。"

"那你觉得，我应该朝什么方向整改？"

"首先，你要分析市面上其他同类型的机构，找到自己的优势，强化这一优势。如果和其他机构没什么大的区别，那你就要敲响警钟，必须要琢磨出自己的创新之处，你既然不是独一无二的，那么很容易就被替代了。"

"我做的也是教育事业，为什么这么多年都没有人成功复制出我的模式？第一，我的体验式教育是独创的，它从理论到实践都不容易复制的，但我同时给这一核心找到了简单易操作的载体，避免它无法有效从理论转换为实践。更重要的是，这么多年，它一直在与时俱进，不断顺应时代在改变和提升，不仅仅是体验式教育，还有我，如果我现在还坚持着 30 年前那一套，你觉得现在还能看到这样的光景吗？"

"啊，我有些明白了，我不应该过度依赖硬件、员工这些易于被替代的条件，以前真的是没想过太深远的东西，就觉得眼下赚钱了就乐了。"

"如果你不想做大，当然可以就守着目前这些，但你应该明白，时代会淘汰不思进取的人，即便 10 年、20 年之后这培训机构还在，如果它不改变，生存一定很艰难。常有人说'创业容易，守业难'，太多的创业产品昙花一现，有了好的开始，更应该去思考如何做好它、做强它，不是吗？"

"这个市场不缺往前冲的人，竞争对手只会越来越多，而且是你不可预估的，我们能做的，不过是让自己不断更强大而已。"

阿涌叔叔相信你可以的——

创业和守业成功有很多的因素，但离不开的条件中绝对有创新这一点，以创意杀出一条血路，创立属于自己的特色。还有就是不能放弃发展和强大自我的脚步。只有顺应时代，不断推陈出新，才能保持品牌和企业的活力。否则再辉煌的战绩，也会沦为曾经。

创业真的不可复制吗

　　小曾刚参加完小镇当地一个创业者大会，听到了不少有意思的创业故事，便饶有兴致地跟阿涌叔叔分享了起来。

　　"第一个创业者是个'富二代'，家里原先是做纺织生意的，有一定身家。她同时也是个'海归'，眼界很开阔，思想也很新锐。她的定位很准，从自己擅长的女性用品——睡衣出发，结合自己家族企业的产品线，重新包装，主打女性市场。"

　　"从她的宣传方式来看，也十分新潮，赞助综艺、提供产品上杂志，在年轻人喜欢的一些 APP 上打广告，请时尚博主、微博红人推荐……发展思路十分清晰，格局很大，不拘泥于本土市场，甚至早已放眼国际市场。"

　　"虽然年轻，又是女性，但是气场强大，语气里处处透露着自信，甚至有些张狂。难得的是，她知道自己的发家很大程度上依赖自己的家族企业，但是她不回避这个问题，反而利用了这一优势，开创了自己的新事业！"

　　"而另一位创业者和第一位也有着颇深的渊源，是一位中年男子,原来在那个年轻女企业家的家族企业里打过工。他出身寒门,也是偶然在工作中发现了自己的兴趣所在,然后倾其所有积蓄,开始了自己的创业之路。"

"他创办的品牌还是和当地的支柱产业有着紧密联系的,发展也是脚踏实地、一步一步来的,花了四五年才打响了名气。主要市场还是在本土,是当地政府重点扶持的产业,其产品已经成为当地的一大代表性商品,是很多外来游客会选择的伴手礼。"

"有趣的是,即便名气这么大,这位老总依然很谦逊,更多的是把自己当成一个励志典范在讲。"

"我当时听完这两个人的创业经历,就感受到不同的生长环境、发展环境会对人造成很大的影响。他们两个人的创业模式和他们的性格如出一辙。两个人都是成功人士,但似乎他们的成功轨迹又是彼此不能互换的。你怎么看待这一点呢,阿涌叔叔?"

"通往成功的道路很多,但我始终认为他人的经历不可复制。就像你举的两个例子,他们的生长环境不一样,所受的教育也不一样,性格、阅历、交际圈都是不同的,所以他们不可能走一样的路子。即便他们做同一款产品,肯定也是大相径庭。"

"而且对于创业,影响因素实在太多,除了你选择的模式、产品和方向,还取决于创业者本人。对市场的把控,对自身优劣势的分析,遇到困难的处理方法,带领团队的能力,等等,都是决定性因素。"

"应该说,成功有必然,但也有偶然。你看像乔布斯、马云,有可能出现第二个吗?淘宝的电商模式大家都了解,好像可以复制,但对于中国市场而言,你觉得可能出现第二个阿里巴巴吗?"

"那创业这件事就一点儿共通性都没有吗?"

"那倒不是,他们身上有一些共同的特征,比如对目标的坚定,如果没有对这份事业的执着,哪来的动力排除万难做好它呢? 比如对自我认知和定位的准确,聪明的人懂得在合适的位置做适合自己的事,懂得有效利用综合身边的资源,就像你说的,如果那两个创业者走的是对方的路,极有可能两个人都不成功。比如永不止步的学习精神,时代与时俱进,今天的成功不代表一辈子的成功,如果一个领导者没有长远的目光,取得一定成绩之后就墨守成规,那么再大的基业也可能衰弱,柯达胶卷、摩托罗拉手机不就是典型代表吗?"

"是啊,不管在听哪个创业者的故事的时候,都能感受到他们的一路艰辛,很受触动也很感动。虽然不同的故事千千万万,但都特别真实,振奋人心。"

"之所以会感动、会震撼,是因为那些故事都是他们的亲身经历啊。只有去做了的人,才会有底气说出这些故事,也只有真实的故事,才会打动人!"

阿涌叔叔相信你可以的——

　　创业者千千万万,创业的故事也不胜枚举。成功或许带有一点儿偶然性,但更多的是必然,对梦想的执着,对目标的坚定,对自我的清晰认知,足够清晰的思路,积极上进的好奇心与求知欲……这是成功人士的标配,也是我们每个人通往事业有成之路上可以学习借鉴的东西。

离职之后

离职再就业是职场中一个再普遍不过的现象,除了要应对如何给新东家留下一个好印象,有些人还需要处理如何和原公司的相处关系,尤其是在同行业、同地区,有机会打照面的情况下。不要小瞧这技术,这说大不大、说小不小的能力,也是一门不可或缺的职场艺术。

小杜曾在一家咖啡店打工,时任老板是一个热爱咖啡并且颇有心得的人,无论是对于全职还是兼职员工,只要他们愿意学,老板都愿意把技术教给他们。由于老板自己也喜欢音乐,所以到了晚上,咖啡店又是另一种景象,不少独立音乐人、驻唱歌手都会来这儿表演,可以说在当地,这家店是独特又恣意的存在。

人前风光,但是经营者才知道这家店的盈收远没有表面那么好。小杜是最早一批跟着老板干的,一开始他看中的就是老板的经营头脑,但时间久了,他发现老板潇洒惯了,常常免费做活动,又没有太大的野心,所以咖啡店仅仅是不错而已,离小杜想达到的大富大贵似乎遥遥无期。

在小杜看来，以咖啡店的影响力，老板多接一些活动，多上几本杂志，多接几个采访，一炮而红不是什么难事。但每次老板都说步子不要迈那么快，我们的能力还不够撑得起一夜爆红，也明确表示不想让这家店成为网红店。

在一次大吵过后，小杜就赌气离开了，没有交代，也没有交接工作。其实小杜也有私心，咖啡店的员工流动性很强，自己是跟着老板做得最久的，大大小小很多事都是他在管，原以为这么突然走掉，老板或许会挽留和妥协。哪知老板只是打了个电话问清缘由后，祝福了小杜一句，便没再说什么，以至于小杜的一腔抱怨都没来得及说出口。

离职后，小杜本想换一行重新证明自己的能力，但是兜兜转转还是选择了老本行，因为招聘的店一听他是从原来那家咖啡店出来的，都愿意录用他，因为那家店的口碑在同行业中很好，经常会出一些巧妙的点子和活动，其他店学都学不来。小杜心知这些点子都是前老板想的，自己也跟着做了不少。一开始他顺着新单位的要求，套用了不少以前的活动策划模板，但是他很快发现由于领导的干涉，或是这样那样的原因，很多活动效果会大打折扣，而心高气傲的小杜也不甘心屈居于前老板之下，所以主动开发起了新活动，但反响平平。

一段时间后，感受到了新老板的冷落，小杜动起了别的心思，开始在朋友圈发自己以前和一些名人的合照，参与过的大活动，当然都是在前公司的经历，来营造自己人脉不错的假象。甚至还打着前老板的名号去为自己争取资源，但他最终发现这些做法并没有为他带来想象中的好处，自己迷茫不说，业内对他的负面评价也越来越多，甚至前老板也终于忍不住给他打了个电话，警告他不要再打着他的旗号在外面乱说。

　　找到阿涌叔叔的时候，小杜一脸苦涩，他说自己也不确定要不要在这一行干下去了，负面评价太多，做得也不顺利，他不明白到底是怎么了。

　　"你的问题并不在于别人的负面评价，也不是当前自己的能力如何，而是你是否坚定热爱着这个行业，喜欢你就做，不喜欢就别勉强。"

　　"我已经搞不清自己喜不喜欢了。"小杜一脸愁容。

　　"把功利心放一放，想想你当初为什么要做这份工作，你做得开心吗？"

　　"以前是开心过的，虽然进入这个行业纯属偶然，但是前老板确实给我打开了一片'新大陆'，让我发现了很多有意思的东西以及不一样的自己。"

　　"后来为什么不开心了呢？"

　　"我想赚钱，总得要生活吧，我有压力，但是老板没有，所以闹掰了。"小杜苦笑。

　　"你怎么知道他没有呢？所有的决策、店铺的运营，包括同行羡慕的那些源源不断的点子，不都是他在扛吗？如果你有困难，对他说过吗？"

　　"不是困难，开店创业不是为了让生活变得更好吗？可按照他这样，是没办法赚大钱的，比我们规模小、晚开业的店，都比我们赚得多……"

　　"让生活变得更好，只能通过赚钱这一种方式吗？"阿涌叔叔这话问得小杜一愣，"不是这样的，你和你前老板对于幸福的定义不同，获得成就感的标准也不一样，我不去评价，但是你们的理念不对，确实很难继续走下去。"

"唉,可是我离开了那里,才发现自己做不好,好像什么都离不开前老板,可我又不甘心自己永远笼罩在别人的阴影下……"

"是你这么觉得还是别人这么觉得?如果是别人,你自己的生活自己的快乐自己的成就,跟别人有什么关系,为什么要那么在意他们的看法。如果是你自己,那么发现了不足,就去弥补去学习啊,只要想改变,明天的你就会焕然一新,为什么要被现在的自己打败。"

阿涌叔叔一番话让小杜陷入了沉默,他继续说道:"以前是以前,现在是现在,但你现在显然放不下对以前的经历、荣誉的依赖,而又没有足够的能力开拓自己的新事业,所以现在把自己搞得一团糟。"

"我知道,是我搞砸了这一切,可我该怎么办呢?"

"先确定你到底要做什么,然后脚踏实地地开始,不要依赖那些站不住脚的小伎俩,要依靠的应该是你拥有的真本事。你曾经在那么好的单位工作过,那些先进的模式理念,你在里面锻炼出来的能力,都是实打实的,可以为你所用的。那些昙花一现的照片和那些已经成为过去的并不完全属于你的荣誉,并不是可以依靠的。"

"可我现在真的不确定自己的优势了,离开了前老板,我好像什么都不是,原来我以前被人认可,受人尊重,都不是因为我自己。"

"认清这个事实没什么丢人的,但从现在起,你是你自己了,要重新开始,无论是工作模式、方向,还是你个人,都要调整。既然你想要重新开始,就不应该再耿耿于怀。我建议,在此之前你需要先跟前老板道个歉。"

"为什么?"小杜很惊讶,旋即又黯然地说:"他现在应该都不想看到我吧。"

"为什么先要顾虑他怎么想呢，你的态度更重要。你之前的做法确实过了，如果你前老板曾把你当自己人，那你于情于理都伤人了。再退一步说，即便是为你自己，如果以后你要继续干这一行，要开自己的店，那你们还是会有联系，为什么要给自己树一个敌人？你们曾经是并肩的伙伴，何苦走到反目这一步。你的资历不深，要学习的还有很多，应当更谦虚才是。"

阿涌叔叔相信你可以的——

就职也好，离职也好，能够妥善处理业务的能力与人际交往的能力同等重要。职场没有敌人，有的只是此消彼长的追逐。你最大的竞争对手一定不是别人，而是你自己。"别人"有千千万万个，追赶没有尽头，但是唯有自己的强大，才能让你穿过汹涌的竞争暗流，在职场这个天地里获得立足之地。

一时的风光，被人羡慕，受人追捧，不值得你常挂嘴边，更不要一直停留在过去。在时间的长河里，没有永恒的胜者。想想自己还未开发的可能，是创造奇迹还是安于现状甚至停滞落后，决定权都在自己手里。

你的公司为什么留不住人

阿隆经营着一家不大不小的公司,业务量和竞争力都不错,但经营几年下来,他发现自己公司人员流动性太大,几乎留不住人。不停地有员工辞职,不停地花时间招人、培养人,也把他折腾得够呛。

"为什么我的公司留不住人呢?"他把这个问题抛给了阿涌叔叔。

"待遇不合适?"

"不是啊,我给出的工资是高于同行的,我们的经营状况不错,所以我愿意多给员工一点,不想大家为了钱不开心。"

"那是公司地理位置不好? 环境不舒服?"

"公司在市中心啊,租的高档写字楼,周围吃的、逛的都不缺,交通也很方便。"

"工作任务太繁重? 同事之间关系不融洽?"

"我们很少加班的,同事关系也还行啊,上班就各干各的,空了一起吃饭、喝茶。"

"各干各的？彼此的工作之间不需要磨合、合作吗？比如一起做一个案子……"

"不需要的，我们公司是各人负责各自的部分，没有太复杂的东西。"

"怎么能没有复杂的东西？"阿涌叔叔有点儿惊讶地反问，略一沉默，他说道："问题可能就出在这儿，你们公司太平淡了，一点儿水花都没有。"

"怎么说？"阿隆问道。

"就像温水煮青蛙一样，如果一直处于一个恒定的环境，别说情绪上的起伏了，斗志、兴趣、激情都会被磨光的，缺了这些，那还怎么开心得起来。一眼能望到头的工作和生活你不觉得会有些后怕吗？"

"我们这一行的性质就这样啊，而且给他们的工资也在往上加啊……"

"工资涨幅是有限的，而且这不是长久之计。而且你肯定也试过，但是效果不明显，否则你不会有今天这个困扰。"

"工作是一件漫长的事，而人在漫长的时间里很容易就丧失激情和兴趣。你要给他们实现梦想、获得希望的可能。人需要价值、挑战和面对，可以做同质化的工作，但绝不能成为流水线。要能不断向前走，就要让员工们获得能力上的提升或者心理上的满足。"

"这个很抽象，具体我该怎么做呢？"

"在工作上，要有挑战，至少要创造让大家集思广益，一起攻克一道难关，做成一件事情的机会；其次在日常工作中要更注重文化建设、团队建设，多融入一些创意和想法，调动所有人的积极性。不要让他们产生每天只要把手里任务完成的感觉，任务

转换方向，唯有调整自己　271

做久了可不就是负担吗？"

"明白了。"阿隆沉声道。

阿涌叔叔相信你可以的——

　　一个企业从 0 到 1，靠的或许是勇气、魄力及眼光，维持 1 或许也不难，但是在变幻莫测的时代里，始终保持 1 的稳定，并不容易，更别提从 1 到 2 的跨越。随着企业规模越来越大，员工越来越多，市场更迭的速度越来越快，竞争愈发激烈，企业就不能再墨守成规。因为假如你不动，别人在前进，就意味着你在倒退。

　　所以，要让企业始终保持充沛的活力以及一颗年轻的心。而为企业注入这些活跃元素的动力在于人，也就是为企业付出的所有员工。那么领导者就要先调动员工的积极性，让他们有梦想可追求，有兴趣去奋斗。

裁员后，我的公司活过来了

    友斐两年前经营着一家规模不大的工作室，手下有 8 个员工，因为细致的服务和良好的产品，逐渐积累起了口碑，发展很快，团队磨合得也很不错。

    生意做起来之后，很多客户劝他把公司扩大，花点儿功夫做做营销，把门面撑起来。公司规模越大，名声越响，就越容易吸引大客户，还可以把单价抬高，利润空间也可以大幅提升。如果还有上门来想寻求合作，合伙开分店或者加盟，就更赚钱了。

    听着这些建议，友斐也动了心思，决定大干一番。他先去黄金地段租了一个大的门面，进行装修，接着又雇了不少人，不到两个月，员工新增了 20 几个人。开业那天，友斐举办了一个盛大的活动，送来祝贺的花篮密密麻麻，和他初创工作室的低调天差地别。

    谁知气派的背后却给友斐带来了悔不该当初的麻烦。公司开起来之后，各项支出骤增，不仅是门面租金水电费，还有人员培训、设备配给等项支出。尤其是这二三十个员工的工资，一个季度下来,友斐算了一下,根本就是入不敷出。

在公司的管理上,他也遇到了问题。由于要操心的事比较多,自己又不是专业管理出身的,他不得不另请人来给员工培训、协助管理,但一段时间下来,成效并不显著。新来的好几个员工拿着薪水,却敷衍了事。这种风气一蔓延,连原来那些踏实肯干的老员工都受到了影响。

一个头两个大的友斐不得已找到了阿涌叔叔,哭诉了公司遇到的困境。在了解了他们的情况后,阿涌叔叔给出了针对性的建议:

"门店租合适自己的,多余的设备去除,留下有用的合适的;裁员,留下真正能为你创造效益的员工,给他们奖励福利以激励他们的工作付出。"

"那不是又要回到以前那样的小作坊了吗?"友斐有些举棋不定。

"事实是你现在别说盈利,连支撑下去的能力都没有,还谈什么面子工程呢?"

"这……"友斐被阿涌叔叔这句实话噎住了,在事实面前,他没办法反驳。

"并不是所有公司都适合做大的,集团有集团的好处,小店有小店的好处,关键是结合你们自身的情况去定夺。你们的行业属性其实不太适合像工厂一样迅速铺开,既然是做精品,那么就应该以质量取胜。你不需要去在意别人怎么说,你自己能做到什么样的程度只有你自己清楚,结合实际稳扎稳打。那些劝你的人,他们真的了解你的行业吗?他们真的了解你公司的运营情况吗?"

"是啊,其实没有盲目扩张之前,我们的经营状况一直很好,甚至还有时间所有人一起出去旅游，氛围也很好。可现在整个公司紧张兮兮的，大家也没了以前的热情。"友斐反思道。

"你的公司当初能够立足、发展，是因为你们提供了优质的产品和服务，所以客户信赖你。现在也依然是这样，他们不会因为你公司的大小而改变这个想法，所以，你的精力应该放在如何研发更好的产品，如何提供更好的服务。我想这才是你们稳步发展的第一要义。"

"还有，公司规模精简之后，人员也可以精简，你应该筛选出真正能为你创收的员工，重用他们、关注他们，让他们产生归属感和幸福感，把你们真正的团队组建起来。"

"好！"

两个月后，友斐告诉阿涌叔叔，他经过研判之后，裁掉了 17 个基本是"打酱油"的员工，拿出本应该付给他们的一部分工资去奖励那些真正有能力、足够踏实的员工，重新整顿团队。升职加薪的员工都很开心，也感受到自己被重用，大家的积极性都回来了，甚至比初创时更高。而友斐也因此能把更多时间投入到工作中，不断完善产品体系，引进新潮的理念。公司虽然在别人眼里不算太大，但友斐他们却做得蒸蒸日上，乐在其中。

阿涌叔叔相信你可以的——

　　公司经营的好坏与公司规模、人员数量没有必然关系，这和创始人的经营理念、行业属性以及公司实际情况有关。公司开的越大，收益可能越大，但同时也伴随着更大的风险；反之，小公司也是优劣势并存的。不需要盲目羡慕别家，而是要充分了解自己，结合实际，走出属于自己的最合适的路。

让困难不再成困难，让问题不再是问题

当下有很多年轻人想自己单干，开店创业，但真正能做起来的、长久做下去的、越做越好的，却不多。是资金不到位吗？还是没招到合适的人？又或是宣传不给力？如果你也有以上的疑惑，不妨来看看冯子的经历。

冯子家境不错，为人热情善交际，在规规矩矩上了两年班之后，因厌倦了朝九晚五被人管束的生活，加上有朋友建议有人脉有资源的他可以尝试创业，他便心动了。和父母一商量，也得到了支持，既然资金不担心，那么接下来考虑的就是做什么了。

一开始他想做建材，因为自己此前接触过这一行业，也有认识的人可以给他介绍提供产品，第一次创业从自己较为熟悉的领域开始相对来说靠谱些。冯子这么想着，也花了几个月的时间去考察市场、参加招商、选择门面，差不多万事俱备的时候，冯子却突然变卦说不做了。理由是囤货风险太大，投入成本过高。

又仔细考虑了一阵子，冯子决定做文创，一来这个投入少，二来可以配合自己家乡要构建旅游城市的规划，冯子觉得这个行业有前途、风险小,比较适合自己。

当然,所以行业都有利有弊,为了让自己可以更从容,冯子去咨询了很多人,包括阿涌叔叔。

"从你坐下来到现在,我只听到你分析自己从事这个行业可能遇到的利弊,但却没听到最关键的,你为什么要创业?你即将要去做的事能为哪些人解决哪些问题?"阿涌叔叔问道。

"解决问题? 创业就是为了解决我个人生计问题啊,想赚钱又可以自由点儿,就这么简单。"

"不是这样的,创业应该是去解决消费者的问题,让困难不再成困难,让问题不再是问题,而不是聚焦你自己。你的受众是谁? 你即将要开的店或是创办的企业是为了哪一类人服务,解决他们什么问题? 你能想明白这件事,才能有信心和资本去做事。一开始的关注点就错了,那你怎么能做得好呢?"

"你的意思是我前面做的都是无用功? 不应该纠结选什么行业吗?"

"你做功课是可以的,你去了解某个行业的发展前景也没错,但那些都不是最重要的。其实你想想,你所了解的行业,哪个不是很多人同时在做? 你的竞争力除了客观条件,还有主观原因,你有没有抓住时代的机遇,或者有没有利用好你具备的地理优势、资源优势,你有没有能力自己创造条件?"

"做成一件事要依靠的东西太多了,有能力、有资源甚至还有运气,但在创业前你一定要弄清楚的是:你想不想做,能不能做,敢不敢做? 而不是去想自己会做成什么样,不能本末倒置。"

"可也并不是每个想去创业的人都会考虑得那么周到吧,总有些人跟我一样没想那么多,却也成功了呀?"

"个例的成功不代表绝对的成功,暂时的成功也不代表长久的成功，创业这件事我没办法指导你每一步，也没办法推算出你能成功还是失败，但有些事是你能做的，那么你就应该做好它。"

"我做的是教育行业，学校、培训班做的都是这个行业，我的同行多吗？多到数不清。但我的竞争对手多吗？我觉得不多，因为我做的东西是原创的、独特的，并且保持活力的。我能做30年，我相信未来也能一直坚持下去，因为我没有在模仿别人，不用担心自己很轻易就被取代。"

"你也一样，做建材也好，做文创也罢，不要害怕跟别人比，也不要给自己预设这么多困难，更重要的是问清你自己的内心，你到底想做什么，有没有勇气去做好它？等到你真正开始去做了，也许你曾经担心的那些劣势都不是问题。"

阿涌叔叔相信你可以的——

亚马逊创始人贝索斯曾言："未来的消费者，一定不会抱怨我的产品太便宜，也不会抱怨他们太快收到产品。这意味着，消费者不变的需求是：更便宜、更快捷。"其实创业的本质就是为了解决普罗大众的问题，让困难不再成为困难，让问题不再是问题。一旦抓住这一核心要点，那么就不至于迷茫，找不到方向。

除此以外，心理建设也很重要，在创业前你一定要弄清楚的是：你想不想做，能不能做，敢不敢做？明确回答这三个问题，再展开工作，会让你在未来少一份犹豫、多一份坚定。

操着打工心，做着创业梦，是你吗

高速发展的时代、变幻莫测的市场催生机会，越来越多的人加入创业大军，如果说 20 世纪 80 年代的创业潮主要是"下海"经商，那么今天，创业的形式更加多元了。

小海毕业后就进入自媒体这一行，经历过如何打造行业"爆款"，也写过 10 万加的文章。看到曾经的同事辞职自立门户后风生水起，小海想到自己一身本事却寄人篱下，实在不甘心，他也动了离职创业的念头。

之前工作积累下的资源，加上自身的口碑，让小海一开始就很顺利，每天的工作都是满的，招到的员工虽然不甚满意，但小海有信心可以慢慢调教。上一家单位的节奏很快，小海常常要加班，一群同事聚在一起不免要"吐槽"，很多人离开也是因为受不了压力，小海就想自己的公司绝不能重蹈覆辙。

几个月后一算账单，小海慌了，扣除房租、水电费、日常开销和员工工资，竟然有些入不敷出，他不得以拿出自己的积蓄先垫付。他梳理了一下工作，发现有很多小单子，虽然多但是带来的利润并不大,大单子则周期较长,收款时间慢。他重新协调制定了工作计划后,下个月的情况才得到缓解。

但很快他又遇到麻烦了,那就是管理!由于小海没有管理经验,工作流程和条例都是照搬朋友那儿的,然而却发现跟自己的公司并不匹配。员工积极性调动不起来,人员流动性又大,让小海很是头疼,他不得不花大量时间和精力去处理这些问题,熬夜加班成了常态。

"原以为自己当了老板会轻松,看别人创业之后都是飞这里飞那里,谁知道我一天休息的时间都没有,一想到下个月的账单,吓得根本不敢让自己歇着。"小海叹息着向阿涌叔叔诉说。

"从你认为创业是件轻松的事情开始,就错了。打工的时候,你操的是一个人的心;当老板就是操一整个公司的心啊,你怎么会觉得简单呢?"阿涌叔叔直接问道。

"别说你现在是老板,以你这种想轻松自在的心态,就不适合加入创业公司。创业意味着从零开始,不仅仅是你所创的这份事业,你这个人也是要跟着一起成长。随着规模壮大、团队壮大,你要考虑的事情只会越来越多,怎么可能说抽身就抽身。你可以随随便便不在乎的唯一理由,就是你没把它当成事业。"阿涌叔叔边说着看了看小海。

"我想通过这件事实现财务自由,我是喜欢这个行业的,它也能发挥我的长处,我不是没有计划去创业啊!"小海辩驳。

"理想是美好的,但现实往往残酷,创业不是那么简简单单,不是你有技术或者资金就可以办到的,它需要你有更强大的综合素养,也要求你全身心投入。选择创业,意味着选择去吃苦,你得抱着去打仗的心态去面对自己的事业,抱着必胜的决心,而不是'我做不好,那我就退出,损失就损失了'。否则你可能更适合给别人打工,因为不需要你有多少理想抱负,也不用你承担多大的风险。"

"唉……我想的太简单了，我以为只要前面吃苦，后面会越来越甜的。"

"你不是没做好吃苦的准备，但你最在意的是一个好的结果，其实你弄错主次了。当你真的做好创业的准备，首先要做的是明确自己的目标，进而聚焦现在的每一天。想创业的人都是有野心的，是不会容忍自己停止的，因为面对这么变幻莫测的一个市场，你停下来，意味着被无数人超越。你盼望的那种"小资"生活，能惬意地出去旅个游、喝个下午茶，坐在办公室就能指点江山，那不叫创业，也不需要通过创业才能实现。"

"那……那我现在该怎么办呢？"小海显得很踌躇。

"明确几点，你有没有做好全身心投入一份事业的准备？你有没有足够的信心和勇气与这份事业一起成长？遇到问题怎么办？你会不会轻易退缩？能否接受不被其他人理解，依然坚持自己？想明白了，你就知道自己适合创业还是打工了。"

阿涌叔叔相信你可以的——

创业不是开店，也不是继承家业，没有你想象中那么岁月静好，也没有那么多退路。决心创业，就要做好吃苦的准备，你会遇到各种各样的困难，有没有勇气解决它，从中学习，不断提升自我。创业带给人的成长是迅速的，但机遇也意味着不稳定，你或许成功，或许失败。如果你只想收获成功，无法接受失败，那还是选择更为稳定的工作。

有头脑、有资金、有人脉、有能力、有技术，只是创业的基础条件，真正的挑战永远在后头。提前幻想安逸的人不适合创业，觉得适可而止差不多就行了的人也不适合创业。

企业文化

末末工作的单位自打今年开年以来，人员流失就特别严重，他们这一行因为行业属性本来就难招人，正在上升期的公司陷入了不尴不尬的艰难处境。

"你们的领导是怎样的人？"听完末末的困扰，阿涌叔叔问道。

"挺和善的一个人，也很有事业心，凡事都冲在前面，什么都会，感觉是一个全能的人。"

"那他会管理吗？"

"恕我直言，好像有点儿不行。他也是做我们这行出身，没学过管理，本来也比我们大不了几岁。有时候给我的感觉吧，就是他很想跟我们打成一片，但很多人不领情，该防着他还是防着的。本来嘛，工作又不是交朋友，很难交心的。"

"不过他前段时间可能也意识到这个问题了，本来我们公司是很宽松的，对上下班时间没有硬性的规定，把事情做好就行。本来是好意，但后来懒散的人太多了，老板就取消了这个制度，规定了上下班时间,包括薪酬制度也做了调整,明显比之前要好多了,但可能大家松散惯了,还没法达到理想效果。"

"你们的企业文化有待改善。"阿涌叔叔分析道。

"不是一个管理问题吗,怎么就上升到企业文化了呢?"末末不解。

"企业文化包括规范制度、精神理念、企业环境、产品、价值观,等等,而管理只是其中一项而已。你的老板没有很好地建立起企业文化,所以你们没有凝聚力,各做各的,没有多少目标也没有事业心,甚至还有钻空子偷懒懈怠的情况。"

"管理这个问题其实是好解决的,要么你老板去学、花精力去管理,或者请专业人士来协助管理,但如果没有把根子上的问题解决,那其他都是徒劳无功。"

"大多数职场新人都是一张白纸,企业是工作的地方,也是培养人的地方,并非只是单纯用薪资捆绑的雇佣关系。如果企业文化足够优秀,就更容易培养优秀员工,也更容易吸引到优秀的人才。"

"我们在谈到一些大公司,比如腾讯、阿里,很容易会讨论企业文化,其实不仅仅是大企业,小公司也不应该忽略这一块的建设。没有一家公司在建立之初就是抱着安于现状的目的去做的,都是想发展的,而企业文化就是其中重要的一环。"

"你看像找这,江苏天少的总部,办公区域并不大,人员也不多,但我依然需要把它管理得井井有条,大公司有大公司的管理模式,小公司也有自己的一套适用标准。像你一开始说的上班时间是否自由的问题,其实我也没有明确要求过,但是我们每天8点半是需要开例会的,那么即便不要求,也不会有人迟到。孩子们周六周日的活动也是有开始时间的,但免不了有孩子迟到,那么准时到的孩子会自发站在门口用'敬少先队礼'的方式去'迎接'这些迟到的孩子，久而久之，迟到的就会减少。这些具体来说是一些方法，但方法正是反映了文化，也组成了文化。什么都不做，怎么可能指望公司井井有条，大家自觉主动做到尽善尽美呢？"

阿涌叔叔相信你可以的——

　　很多企业，尤其是中小型企业都会苦恼于管理的问题，其实管理问题是表面的，很多问题的根源往往是企业文化没有建立好，企业的环境氛围、核心价值体系、规章制度或有缺失，这才导致了工作人员、工作状态、成果效益不理想的问题。无论企业规模大小，都不能忽视企业文化的构建。相应的，作为企业领导，你渴望什么样的企业文化就需要付出相应的努力。

单干三年，我又回到了原公司

　　职场中，工作的转换是正常不过的，有人离开了公司就老死不相往来，有人则能和前公司保持良好的关系，甚至将它转换为自己后来的客户关系，也有人兜兜转转还是回到了最初离开的公司。这或许涉及职业理想，又或者仅仅是现实所迫，那么对于这些更迭，大家应该怎么看呢？

　　不妨来看看阿龙的故事。

　　阿龙前公司的老总最近找到了他，希望让他重新回公司，并且承诺了非常优厚的条件。接到这通电话的时候，阿龙并没有太惊讶，甚至有一种"该来的终于来了"的感觉。

　　不像有些人是因为不满原单位才愤而离开，也并没有闹得很僵，更不是因为待遇不好，相反，阿龙离职前的职位已经是副总，工作能力一向也很出色。而他现在也有了自己的一家公司。算起来从前公司离职到自己创业，已经 3 年多了。

　　"你说，我应该回到原公司还是继续做自己现在的公司？"阿龙询问阿涌叔叔。

"你有这份犹疑，说明目前你的公司并没有给你带来预期的效益或者可观的发展，又或者是工作压力、管理团队等一系列问题，让你觉得'没那么满意'，对吗？"

"对，但是……"

"但是还有点儿不甘心。"阿涌叔叔笑着接过阿龙的话，"毕竟自己创业也才3年，抱负还没实现，未来也说不准呢！"

被说中了心事的阿龙一下子不知道该说什么。

"在你准备创业的时候，有没有给自己定过目标，哪个时间段做什么事？"

"有的。"

"很好，那你回顾一下过去3年，有哪些目标是完成了的，哪些是还没做到的，是因为什么原因没有做到。如果……"阿涌叔叔顿了顿，说："如果没有达到的目标比达到的多很多，而其中很多又是你已经努力过的，却始终达不到的，那么你得慎重想一想。"

"嗯。"

"另外，你也需要结合目前自己公司的经营状况来分析，预想一下未来3年、两个3年、5个3年，你能做什么，你能做到什么？如果回到前公司，你能得到什么？两者相比，哪一个更接近你的需要，那么你就能做出选择了。"

"你的意思，好像是倾向于让我选择后者？"带着试探，阿龙问道。

"我没法替你做选择，但你觉得是这个意思，就已经说明了你的倾向。你当初为什么要离职？后来为什么又创业？这几年又经历了什么？只有你自己知道，哪怕是最亲密的人，也无法完全了解你所想的。你来问我，或者问别人，并不是真的要寻求一个答案，你更需要一种支持，支持你心中早就已经往一边倾斜的天平，让它更坚定彻底地一锤定音。"

"如果我说的，恰好是你心里想的，那你可能会更自在一点；如果我说的，和你想的恰好相反，不过是给你多添了一丝烦恼。但这也仅仅是短时间的，最终你还是会按照自己所想的去决定。况且我觉得你的选择方向本身没有什么对错，没涉及是非。选好了，坚定去做就好。未来嘛，就是要充满不确定，才会有更多的可能！"

跟阿涌叔叔结束谈话之后，阿龙重新调整，选择了回到原公司，不仅适应得很好，还将自己创业时期的一些经验教训带到公司，工作游刃有余。

"一开始真的有很多担心，担心自己回去之后会不会做不好，老板对我的态度会不会不一样，同事会不会不认可我，会不会情况还不如现在……但是啊，真的下定决心去做了之后，发现根本没那些事儿，做起来很顺手，不管是生理上还是心理上的压力都小了。我老婆还调侃我，没有自己当老总的命，非要白折腾几年，哈哈！"

"你能享受当下的生活最好不过了。其实啊，是不是自己开公司，企业做得大不大，真的不是衡量幸福的唯一标准。你看《月亮和六便士》里，证券经纪人斯特里在满地都是 6 便士的情况下，却抬头选择了月亮，他放弃优渥的生活去追求理想，穷困一生画画。在世的时候并没有获得世俗眼里的成功，但是他的故事为什么感动了那么多人，因为有太多人连自己想要什么都不知道，不知道为什么却苦苦挣扎。求而不得是一种苦闷，所求为何都不知道更是一种悲哀。"

"是啊，本来觉得我都到这把年纪了，儿子女儿都那么大了，该经历的都经历了，该清楚明白自己想要的东西，其实糊涂的时候也挺糊涂的。"

"以前啊，有人问我，阿涌叔叔你为什么不把江苏天少做大一点呢？我反问他为什么要做大呢？很多人觉得你做大了，意味着更成功，赚更多钱，名利双收。但其实你得到越多，意味着付出也更多，做大的代价可能是我越来越忙、不自由。而我当下的状态，已经让我得到了我想要的，并且是很舒服的状态，那我觉得脚步放缓一点也没关系。"

"我给别人做成长训练的时候讲过这么一个故事，一个人在岛上晒太阳，不停有人劝他去捕鱼、卖钱、造房子，这样就可以在带着游泳池的院子里晒太阳了。可是那些人没看到的是，他本来就拥有了阳光和一大片海滩。小小故事，与君分享。"

"是啊，能掌控自己生活和工作的步伐，其实是特别惬意幸福的一件事。"

阿涌叔叔相信你可以的——

职场需要坚持、努力和一股不服输的勇劲，但同样需要柔软、宽容，而且能接受自己偶尔的"不太行"。有时候我们努力了、坚持了，依旧达不到自己的目标，你就要想一想自己享受的究竟是坚持这个过程，还是为了一个结果。如果是前者，没什么犹豫的，做就好了；如果是后者，那你或许可以换个方向，做自己更擅长一点的，做自己能做好的。做不好某件事不代表你的失败，不一定要逼迫自己十八般武艺样样精通，把能做的做好，也不失为一种本事。

做好自己，
你可以的

对未来没有期盼怎么办

　　在孩子尚小时，父母拼尽全力护他们周全，恨不得打点好一切。可当孩子羽翼丰满时，还是终将靠自己立足于社会。父母并没有能力护孩子一世顺利，他们的人生要靠自己走。

　　体验式教育专家阿涌叔叔最近为这样一个家庭做了一次成长训练。母亲很强势，在一家大公司身居要职，父亲也有自己的一家公司，儿子正在上大学。在家里母亲几乎掌管着一切，不得不说，她的能力很强，所以无论是丈夫还是儿子在她的安排下，都很成功。

　　但这成功，仅仅是别人眼里的成功。

　　"阿涌叔叔，我儿子快要毕业了，我问他毕业之后有没有什么想法，他居然跟我说没有，这可怎么办？"

　　"你希望他有什么想法呢？"阿涌叔叔反问。

　　"对未来职业生涯的规划啊，男子汉不敢想不敢拼，哪能行？"

　　"从他小时候开始我就注重对他的培养，无论是学习成绩还是兴趣爱好,他喜欢的我尽可能支持,学业上也不逼迫他,平时也没少陪他……尽可能给他营造轻松良好的环境,儿子也争气,现在念的大学也是省内数一数二的。可在这么好的氛围里,他怎么就一点儿想法都没有呢?"母亲顿了顿,叹了口气说:"这孩子什么都好,就是太没主见,唉……"

在听到这番话之前,阿涌叔叔对这个母亲还是持赞成态度的,在他看来,这个母亲的教育观念是没有问题的,在一个如此优渥的家庭,这位母亲懂得居安思危,没有因为家境优越让孩子养成骄纵的习惯,对孩子奖惩有度,不过分给孩子施加学习的压力,实属难得。恐怕唯一的问题就是,这位母亲太过强势。

"你的儿子是不是习惯绕着你转,一旦有什么比较重要的决定会先询问你的意见?"

"是啊,这样他可以少走很多弯路,毕竟我是过来人,经验足……"

"你是不是还习惯以分析利弊的方法来给孩子意见?"阿涌叔叔打断了这位母亲的优越感,抛出了下一个问题。

在得到这位母亲的肯定回答之后,他说:"你儿子就是过得太顺利了,他在你的'指导'下,已经慢慢磨平了自己的想法,恐怕连他自己都习惯了。很多东西看似是你儿子的选择,但他却是以你的意志来做的选择,他选的兴趣班、选的学校、选的专业,是不是特别符合你的想法呢?这跟你帮他做选择和规划,又有什么区别呢?"

这位母亲似乎被阿涌叔叔戳中了心事,沉默了许久才说:"我一直以为这是我们母子心心灵犀,一直以来只觉得这孩子懂事,却从来没想过他好像连青少年该有的叛逆期都没有,怪不得前几天我跟他谈起找女朋友的事,他告诉我不想找,原因是怕我看不上……我这妈妈，当得太失败了。那我应该怎么办呢？"

"在家里收起你的强势，凡事多询问儿子的意见，多鼓励他的想法。快到暑假了，你可以让他安排你的生活，就像你从前为他安排那样，比如让儿子计划一下你们一家人去哪儿玩，怎么订票怎么做攻略。让他觉得他被你需要了，你是他妈妈，偶尔也可以依靠一下儿子，向他示示弱，撒撒娇，这样儿子会更有成就感和自信心。"

"还有重要的一点是，你对你老公的态度也要改变。男孩子在成长过程中受到影响最多的往往是父亲，他们习惯拿父亲做榜样，可是他从小到大面对的父亲都是温吞吞的，甚至有些懦弱，或者说你承担了父亲的角色，所以他就少了一份果断和勇敢。"

"工作中要强是应该的，术业有专攻，你属于事业型的女强人，在外头无论怎样强势，到家里也不要用对待工作的态度对待家人，少操一点心，多让这两个男人照顾你。在生活、事业、学习上，你可以给他们意见，但千万不要主导他们的生活。"

"还有你一开始说希望儿子能强势一点，有想法，这也是一样的道理，多和孩子沟通，问问他想要什么样的生活。重要的是他想要什么，而不是你希望他想要什么。"

阿涌叔叔相信你可以的——

原生家庭对孩子的影响是巨大的，所有家庭教育问题的根源都可以追溯到父母与孩子的相处模式。当孩子有了独立思考的能力之后，父母要做的就是化干预为引导，以沟通取代命令，慢慢培养孩子的自主意识、判断能力和应变能力。

进入职场，学校优异的成绩咋就不管用了

　　小岚是一名刚毕业的大学生，6月入职一家公司，但却在实习期考核中被刷了下来。在学校成绩优异的小岚感觉到十分挫败，在她看来，很多学历不如她、能力不如她的人都转正了，她怎么就没通过呢？怀着不甘与不解，她找到了阿涌叔叔。阿涌叔叔提出让她在江苏天少教育咨询有限公司做一天志愿辅导员，经过一天的工作，再一起来分析她在职场中碰壁的原因。

　　小岚跟随笑笑姐姐工作。一天下来，从来没接触过教育行业的小岚被孩子们折腾得够呛，但也是坚持了卜来。下班之后，阿涌叔叔把大家一起叫到了办公室，给小岚提建议，同时也让大家利用这个机会对照自身，增进学习。

　　"一天下来，我发现你身上有不少职场新人的通病，要说大问题，是没有，但是有很多细节的问题会给你带来不少隐患，不利于你顺利工作。"笑笑姐姐开口道。

　　"一、工作的态度要认真。如果在别人交代给你任务时，你不理解或者没完全懂，那你可以选择再问一下，明确要求之后，

再去做事。今天上午孩子们活动的时候，我让你去帮我拿一份文件，记得吗？但当时有好几个文件是差不多的，你显然没有听清楚我的描述，结果就拿错了。同理，在公司，如果今天这份文件关系到一个大项目，你还会随随便便拿到什么是什么吗？这本质上就是工作态度的问题。"

听到这儿，小岚有点尴尬，而笑笑姐姐又继续指出了下一个问题："二、工作要及时完成，无论在哪家公司，效率肯定是非常重要的。而效率慢一般有两个原因：一是态度上的懒散和不重视，二是工作方法不科学，不懂得合理安排时间。我发现你有一个习惯，遇到自己不擅长或者完成不了的事情，喜欢死磕。其实这是没有意义的，你完全可以寻求别人的帮助，术业有专攻，我们本就是一个团队，为了共同的目标，应当互相协助。"

"当然，寻求帮助并不意味着你就不需要动脑筋了，这同时也是你学习和提升的非常好的机会。学习有时候不需要刻意，遇到问题，就是提升自己最好的契机。毕竟，要是有人重复问我同一个问题四五遍，我恐怕很难保持自己的风度，淑女都要被逼成泼妇了，对吗？"

笑笑姐姐的玩笑话让小岚轻松了不少，她发现笑笑姐姐说话虽然直接，但总能一针见血，所以，她听得越发认真了。

"三是要加强自己的责任心，留心观察自己身边的人和事，多一点集体意识，少一点自我。今天有个孩子没吃早饭就过来了，中途饿得有点胃疼，我当时把情况跟你说了，问你有没有带吃的，你直接回我没有，最后，我只能拜托其他同事去楼下买。"

"你仔细想一下当时的情况，我是班上的辅导员，我要看着那么多孩子，显然是没有办法下楼的，因为我没办法抽身，所以寻求你的帮助，而你下意识地撇开了。我们是教育行业，孩子肯定是最重要的。但你显然没有融入进来，因为你觉得孩子饿肚子和你是没有关系的，这个班级也是跟你没有关系的。你想想你之前实习的时候，是不是有这种情况？"

"我……我确实只想着做自己的事，我老觉得别人的事和我没关系，我也不懂，就不愿意多做。"小岚红着脸说道。

"其实你可以有更妥当的处理办法，比如你找别人问问有没有吃的，或者自己去小卖部买一点。如果你可以这样做，我相信你的领导和同事都会喜欢你，因为贴心。职场并不完全是冰冷的，和同事、领导之间的相处需要技巧，更需要人情味。不用费尽心思去讨好，但同样不能自私冷漠。"

"我的建议就到这儿了，其实你身上有很多优点，比如你很能坚持，也比较善于听取别人的意见，要取长补短，相信你会越来越得心应手的。"笑笑姐姐笑着总结道。

"在职场这个大环境，尤其作为一个新人，要把自己的姿态放低，你一没经验，能力也不足，那你有的就应该是谦虚，学会谦卑地学习如何做人做事。遇到问题不要第一反应就是别人的错，多想想自己是不是哪里做得不到位。你今天一来，就跟我抱怨你之前工作的那家公司如何的莫名其妙，这是职场大忌，明白吗？"阿涌叔叔最后指出了小岚身上最大的问题，同时也希望她能够吃一堑、长一智，在下一份工作中做得更好。

阿涌叔叔相信你可以的——

　　职场是个炼丹炉，只有经历了磨难、经得起考验，不断蜕变、成长，才能羽化成蝶，在职场站稳脚跟。创造事业并不局限于某一个岗位或者某一家公司，只有掌握了职场生存本领，才能随机应变，闯出属于自己的一片天！

在职场,你可以轻易地成功,难的却是勿忘初心

9月,开学季,不少人已经开始抱怨学习生活,大堆大堆的作业,被约束的自由……但有一批人却无比怀念校园生活,他们就是毕业生。对于他们来说,再没有暑假,再没有校园,也永远告别了学生的身份,转而投入职场,开始另一种截然不同的生活。角色的转变,让很多人措手不及,变得焦虑、迷茫,甚至恐慌。阿涌叔叔近来就接到不少这样的咨询,心疼之余,也想帮帮这群毕业生,帮帮这群大孩子。

第一个来咨询的女孩子 A 今年刚毕业,短短两个月内,已经换了好几份工作,不是抱怨工作环境差、待遇低,就是觉得难以忍受同事……以前青春活泼的一个女孩,现在看来倒有几分怨妇的样子。

"真的不是我挑剔,这些工作真是太糟糕了,我跟朋友一说,他们也都建议我别干了,都觉得这哪儿是人干的!"A 有些义愤填膺。

"你的朋友都劝你别干了?那他们现在都在做什么呢?"阿

涌叔叔觉得有些好笑,但还是问了问。

"有些家里帮着安排工作了,有些和我一样,也净是遇到奇葩的人和事,不是快要辞职,就是已经辞职了。"

"这样一群你所谓的'志同道合'的朋友,既没有给你任何实质性的建议,连自己都过得一塌糊涂,你真的认为他们的言论能对你的未来有帮助吗?恕我直言,你想要改变自己的生活,先离这群'朋友'远一点!"

"抱怨不是你处理问题最有效的办法,因为随着你接触的人和事越多,你就会发现越复杂,可你要是想处世,就不可避免与人打交道。不管什么工作,都可能会遇到这样或那样的麻烦、委屈,你换了那么多工作,也应该明白,这是没有办法避免的。可为什么还有那么多人,照样活得好好的,认真工作,升职加薪。他们不是没有遇到挫折,而是他们没有像你这样把一点点不如意随便放大,甚至把和你意见不合的人当作洪水猛兽。而你只看到别人的光鲜,只在意自己的不如意。"

顿了顿,阿涌叔叔继续说道:"你看,跟你有共同想法的人,往往也过得不如意;要不就是自己不需要打拼,所以云淡风轻、无关痛痒,人家这是在看你笑话,你却觉得这是同仇敌忾。你们不是在大学里只需要考虑功课的学生了,要往前看,调整自己状态的同时,去适应新生活。"

A 有些惭愧地低下了头,随即又有些黯然,"那我现在应该怎么办呢?"

"刚认识你的时候,是在你大二的时候,当时你给我的印象特别开朗、阳光。那时候,你可以为了策划一个活动各个部门来回跑,通宵改计划,一遍一遍确认,也曾压力大到一个人半夜偷偷哭,但是第二天还是干劲十足地去做事。那时候你可以这样,为什么现在不行呢？"我反问道。

"那时候是因为喜欢吧，喜欢当时做的事，很想做好，可是现在……"

"没有什么可是，怎样去对待工作，怎样去面对现状，完全由你自己决定，只要是事情，就不可能一帆风顺的。如果觉得艰难，就想想你当初是怎么为了一个目标不顾一切的，不用急，一切都会过去。"

有时候现实和理想的差距，是人为扩大的。在职场也好，生活中也好，遇到的很多问题，并没有想象中那么致命，很多时候，只要调整自己的心态，积极地去面对，就可以化解难题，享受生活，也享受自己周围的一切。

第二个来咨询的男孩子 B 已经毕业两年，曾经在学校里是风云人物的他刚毕业时风光无限，由于在学校里积累的人脉，加之他的爱好和特长，很快就招募到一批志同道合的伙伴，一起开了家工作室。一年下来，顺风顺水，他所在的团队也获得了不俗的成绩。可到了第二年，情况突然有了变化。一家单位主动提出给 B 的工作室免费提供场所，出于每年可以省去一大笔租金，以及别人对他们的肯定，B 当即就签了合同，准备带他的同事一起迁往新的办公场所。没想到公布这个消息的时候，底下就有反对、质疑的声音了，"为什么擅自做决定？""为什么没有提前跟我商量？""既然这样，我们也可以自己干啊！"……当时，就闹得有些不愉快。

B 心里也是窝了不少气，好心给大家省一笔钱，怎么还被倒打一耙，真是狗咬吕洞宾，不识好人心。好说歹说，工作室总算搬到了新地方，可从那以后，大家开始各自有了心思。渐渐地，平时也不一起活动了，工作上有问题也不再一起讨论了。更糟糟的是,陆续有人离开这个团队。B 终于按捺不住了,找到阿涌叔叔,想求得一个答案。

"从一开始,我听到的就是你不断抱怨你的团队成员有多么多么差,但在我看来,最大的问题在于你。一开始,你把他们召集在一起,是因为你们彼此有共同的目标,他们相信你,相信你可以带领好这个团队。"

"可是,"阿涌叔叔话锋一转,直指问题的原因,"当你不再把自己和其他人放在平等的位置上,开始有了擅自做决定的想法,并且觉得心安理得的时候,你们之间的关系就开始有裂痕了。你们是一个组建不久的团队,巩固人心,团结向前,是你们的首要任务,发展可以缓一缓。如果连团队都没了,谁陪你去发展,你们有什么能力去发展呢?"

"但你的优越感在于,觉得自己已经足够优秀和强大,你迫不及待地往前,想证明自己,对,仅仅是你自己,所以你不再考虑团队其他成员的感受。你自然而然地认为,他们会死心塌地地追随你。可你别忘了,你有自己的心思,他们也有,他们也会想,自己已经足够强大,可以去找一条更好的出路。你有没有想过,当初把你们一帮人凝结在一起的到底是什么?"

一个团队能凝聚在一起,一定有它的埋由,也许是因为共同的梦想和追求,又或许是这个团队给你安全感,再退一万步讲,也许是这个团队能给你充足的物质生活。无论出于什么原因,一旦失去凝聚力,团队就会分崩离析。

而一个真正有智慧的领袖,会有自己的判断力,他也许有杰出的战略眼光,也许有敏锐的洞察力,但他一定懂得知人善任,让团队里的成员对他产生信赖;他可以有威严,让别人信服,但绝不是高高在上的孤傲。活在自己世界里的人,哪怕再有能力,爬得再高,也没办法永远屹立在顶峰。

在得知 B 有想要离开这座城市,想重新换工作的想法之后,我便毫不留情地骂醒了他:"你现在都没有做好自己,凭什么认为自己可以再创辉煌?"

"你现在的问题,并不是换一个地方、换一份工作能够解决的,如果你没有办法意识到自身的不足,不去改变,去到哪里都会不如意。我的建议是:你先找找自己的原因,尝试去改变,重新把工作室做起来,要走的人,你不需要挽留;留下来的人,请善待他们。重整旗鼓不一定需要很多人,只要这群人足够有信心、够团结,就能把事情做好。想想你们当初是怎么起步,那么现在就重新开始。一切归零,重新出发!"阿涌叔叔如是说。

不管曾经有多么风光,也不管未来会遇到多少麻烦,这都是人生必经的课程,无论何时何地,遇到何事,都不要忘记最初自己坚持的理由。勿忘初心,说说简单,做起来可一点都不简单,但只要时刻谨记这四个字,并能够真正去做到,那么离自己想要的生活就不远了。

阿涌叔叔相信你可以的——

对于所有刚从大学毕业、踏进社会的大孩子,阿涌叔叔对你们说:"毕业意味着一个崭新的开始,既然要重新出发,就忘掉大学里的自己,丢掉娇气、丢掉依赖、丢掉荣誉、丢掉光环……好的坏的,统统不要留恋。重新给自己定目标,未来的路,再没有家长、老师的庇护,要靠你们自己走。加油,愿你们都能勿忘初心,做好自己!"

你什么都「好」，除了没有想法

　　小杨今年大三，是国内著名"985"、"211"大学的学生，父亲在外企担任要职，母亲更是一家跨国企业的 HR（人力资源总监），家境优越。小杨为人谦逊、彬彬有礼，学习成绩优异，可以说从小到大都是别人家羡慕的孩子。

　　可就是这样一个看起来似乎什么都"好"的孩子，却引起了身为资深 HR 的母亲的担忧。在接触一批又一批的"90 后"之后，凭借敏锐的洞察力，她意识到孩子身上有很多问题是职场大忌，于是她辗转找到了阿涌叔叔，寻求帮助。

　　一番短暂交谈之后，阿涌叔叔已经将小杨身上的问题看出了个大概。他拿出一张自己特别设计的关于成长训练的表格《我是谁》，让小杨当场填写。

　　小杨似乎很谨慎，对每一个问题都思考了很久，哪怕是"平时的兴趣爱好"这一栏，都是填了改，改了再填，约莫半小时之后，他才填完了这份并不复杂的问卷，交给了阿涌叔叔。

　　没有直接接过问卷，阿涌叔叔不经意地问了一句："还要修改吗?"

小杨直摇头,肯定地说:"已经写好了,不用再改!"

阿涌叔叔略一沉吟,"你就没想过可能有漏写的问题或者错别字?"

小杨有些吃惊:"错别字也算……问题?"

阿涌叔叔说道:"你或许认为几个错别字不会影响整体,只要别人能看懂你的意思就行,没人会揪着这些小问题。但职场在意的恰恰就是细节,因为这在潜移默化中会影响别人对你的印象。"

一旁的小杨妈妈听到这儿,忍不住说:"这孩子啊,就是有点毛躁,跟我公司那几个'90后'孩子一样,特别不注重细节,交的报告材料啊错几个字、漏点儿内容已经是家常便饭了,说实话看着真是不舒服,以后再交待任务给这几个人总归不放心。不是只有做科研才要严谨,任何企业都会对在意细节的人更加信任啊。"

小杨若有所思地点点头,当即想拿回表格重新检查,阿涌叔叔却阻止了他,笑道:"这是你今天的问题,不代表是你今后的问题,对吗?"

"你平时是个很纠结的人吗?"阿涌叔叔又问道。

"有点,平时想事情比较多,担心自己把事情搞砸或者做不好。"小杨回答。

"你填写表格的时候特别犹豫,有些问题你自己心里是清楚的,但是你在意别人的眼光,你或许是觉得希望通过这份表格给我这个陌生人留下比较好的印象,可是这反而妨碍了你做出正确的判断和决定。"

"我们做事是需要思考的,而不是犹疑不决,你是男子汉,就更应该有远大的胸怀和果断的执行力。"

一旁的妈妈谈起了小杨中考的经历，当时小杨选择先答题，铃声响起的时候答题卡还没填，他请求监考老师给他延长几分钟涂答题卡，但被拒绝了，因此那一部分的分数全部作废，最后，高中还是交了一大笔借读费才得以继续学业。虽说是好几年前的事情，小杨妈妈谈起这件事还是有点儿恨铁不成钢的怒气。

"没有一个老师在考前不会提醒学生，要先涂答题卡，前人总结的道理不是平白无故的，这说明你有时候喜欢钻牛角尖。你在意别人对你的看法，并且习惯给自己贴标签，但又有些执拗，容易陷在自己的认知里走不出来。"

"人不是一成不变的，换个角度思考，你的缺点就可以变成你的优点。比如你的犹豫不定里包含的善于思考那部分就可以保留，同时减少自己不必要的纠结；你的执拗也可以用在对梦想的坚持和对事业的追求上，而不是无关紧要的小事上。"

说完这些，阿涌叔叔看了看小杨的表格，指出了一个问题："在学校业余时间分配上，你填的比较模糊，是为什么呢？"

小杨有些不好意思地挠挠头："我很想利用空闲时间做点有意义的事，为未来进入职场做准备，但是我又很迷茫，不知道方向。"

"没有目标，没有方向，这就是你妈妈今天来找我的原因，也是她对你最大的担心。"话锋一转，阿涌叔叔问道："你觉得自己有哪些优缺点。"

"我有些内向，跟不熟悉的人在一起就没办法聊得热络，不喜欢主动开口；性格还可以，比较能接受别人的观点，不会固执己见；身高长相都还行，但是比自己好的人太多，也算不上优势……"

"不习惯和陌生人交流不算问题，这很正常，也不需要用别人的长相来对比自己的，不要急于把自己的问题放大。在我看来，你需要提升自己的自信，并且了解自己想要什么。"

"你觉得儿子在你心里是怎样一个人呢?"阿涌叔叔又问到小杨的妈妈。

"贪玩，做事情拖延，想事情太简单，做不到完美，但是还比较独立，很多事不需要我们操心，孩子很早就在学校住宿，什么事情都自己来，也不娇气……"

"你们母子俩说话的顺序都是先从缺点讲起，再到优点，孩子反映出来的是对自己的标签化和不自信，而你则是用这种强势的下意识否定来加深孩子对于自己的怀疑。家庭生活中会有一个场，如果你们传递给孩子的一直是'你不行，你很弱'，久而久之，孩子真的就会越来越弱，希望你们以后多发现孩子的优点，多鼓励夸赞而不是挑刺。"

在给小杨妈妈建议后，阿涌叔叔又转向小杨:"同时，希望你也能多肯定自己，妈妈看不惯的东西也许在你身上确实存在，但你不应该被动承受，而应该积极地改变，来影响妈妈对你的看法。爸爸妈妈平时对你的照顾和干涉太多，导致你很乖，可太乖了就会导致想象力和创造力的匮乏，不妨扩大自己的交友圈、兴趣圈，让自己不要被动，可以主动去思考。比如你的衣服可以不让妈妈给你买，自己学着搭配，甚至你也可以为妈妈出谋划策如何买衣服。"

谈话告一段落，本着循序渐进的原则，阿涌叔叔设计了一个"和陌生人说优点"的体验活动，让小杨走上街头，寻找五个人说出自己的优点，以此提升他的自信心、交流能力，以及面对困难的受挫力和反应能力。在被多次拒绝，甚至被嘲笑神经病之后，小杨渐渐放下自己的羞怯,也找到技巧与人沟通,阿涌叔叔也及时给予疏导。虽然花了挺长时间,但体验活动顺利完成,小杨也一扫阴霾,露出了笑容。

"下一次见面,告诉我你想要什么!"活动的最后,阿涌叔叔与小杨这样约定。

职业自信很重要

如果有一天你离职了,甚至是因为在原公司受气离职的,你会怎么处理和原公司的关系?又会怎样处理在原公司积累起来的人脉?或许很多人只会考虑如何找好下家,其实更重要的是,如何将自己从前的工作经历变为自己在新公司站稳脚跟的跳板。不妨看看下面这个故事。

阿涌叔叔和多年不见的好友老金在一起喝下午茶,闲聊过程中老金收到了一条短信,看完直喊:"这个小魏啊,真会做人,舒服!"语气里很是轻松开心,他还把短信分享给了一旁的阿涌叔叔,短信上写着:

"尊敬的 XXX(客户),因个人原因,我已经不在 XX(原公司)XX(岗位)任职。目前我的业务由 XX 接管,他是我在职期间的上司,对我诸多教导,工作能力很强,您之前在我手中的业务我已经全部移交给他,之后有任何工作上的问题,可以联系他,联系方式是:XXX……"

"确实,舒服!"阿涌叔叔也笑道。

"你说要是都能招到这样的员工就好了，多省心还舒坦，没说老东家一句不是。好多人从原来单位走，都走得不甘心，不抹黑就不错了，哪来的感恩之心啊！"老金感慨。

"是啊，其实职场上的变动是很常见的事情，未必有绝对的对错，但是很多人就是不甘心，有所求。且不说你在原公司别人是如何善待你的，获得了多少东西，就是学也学了不少东西，通过贬低别人来抬高自己，真是太不明智了！"

"嘿，你还别说，前阵子我们公司就有一个，小伙子技术不错，就是不懂人情世故，跟部门里同事关系搞得很差。后来辞职到别家公司，说我们公司小心眼，挤兑他，还克扣他工资。你说说这都是什么事啊！怎么招了这么个白眼狼！"老金越说越生气。

"你应该庆幸，这样的人已经不在你们公司啦！"

"这倒是，你这么一说，我要是再计较岂不是显得我小心眼了？"

"我可没说，哈哈哈！"笑过之后，阿涌叔叔又道："其实不只是对老东家感恩和尊重，小魏这么做，对于客户来说不也是很贴心舒心的一件事吗？他都给你们安排好了，首先是交代自己已经离职，避免你们以后跑空；其次还帮你们想好后面的路了，不至于你们以后要办这个业务没处找负责人。"

"你不说我还真没想起来，小魏负责我的这个业务是长期的，他要不安排，我以后都不知道找谁去！不过你说他也够厚道的，他们公司的事我也听到一些，好像不像小魏说的这么平和。他估计换个公司还干这行，怎么舍得把我们这些客户资源就给他原来的同事了，这不亏吗？"

"那我问一句，收到今天这条短信，加上小魏之前给你办业务的能力和态度，如果以后你还有差不多的业务，或者你亲戚朋友要办这些业务，你会先想到谁？"

不待老金回答，阿涌叔叔抢先说了句："在其他客观条件差不多的情况下，我会优先考虑这个小伙子的。你说我业务在哪办不是办，当然找个让我舒服的人了！"

"照你这么说，这是放长线钓大鱼咯？"

"这叫职业自信。"阿涌叔叔纠正道。

"相信自己能力的人，才会有这种胸襟，不需要试图通过踩别人来抬高自己，他懂得谦虚也足够大度，即便到新环境也可以重新做出一番成就，既然如此，何必非得死死抓住以前的不放呢？"

"还真是，有些人好像不管到哪里，不管做什么，都能做得很好。虽然我们总说人脉需要积累，工作经验需要累积，但有能力的人呐，到哪儿都会发光发热的呀！"

"或许有天赋，或许有才干，但这些都不是决定性的。有职业自信的人，往往比一般人肯下功夫，谁也不是天生全能啊，总是不停尝试新东西，学习新东西，要想比别人更快，那私下里付出的肯定也更多。"

阿涌叔叔相信你可以的——

职业自信是一种能力，是一种气质，更是一种魅力。拥有职业自信的人，必然有足够的底气，而这资本恰恰就是他出色的工作能力与尽责的工作态度。这样的人不管从事何种工作，换单位也好换行业也罢，都不会吃亏，在给别人舒服和方便的同时，其实也无形中竖起了自己的口碑，更值得别人信赖，也更容易得到别人的帮助。

我爸妈说……

在那懵懂青葱的岁月里，尚在读书的孩子，常会骄傲地说道，"我爸妈说，要好好读书，不能和差生一起玩"，"我爸妈说，要努力考上大学，否则只能去搬砖"，"我爸妈说，读这个专业好，有前途"……从择校到文理分科，到大学的专业选择，乃至毕业之后就业的选择，很多人遵从了父母的意愿，只念着过来人的经验总比无知的自己要强，却不曾去思考这些选择意味着什么，是否合适自己？

阿涌叔叔一直想谈谈对于这批对父母之言唯命是从的孩子的看法，却始终没找到一个合适的机会，直到前阵子"江苏天少"来了一个应聘的毕业生。

说是毕业生也不准确，女孩已经毕业一年多了，但始终没找到合适的工作，即便应聘上了，也干不了几天。看简历的时候，女孩就读的大学不错，在校期间也获得不少奖项，以学习类居多，初步看来，应该是个学习刻苦的孩子。但专业一栏，赫然写着"动物医学"，看着这个跟教育八竿子打不着的专业，阿涌叔叔倒是心生好奇,便与女孩约定了面试时间。

"你的专业应该适合去宠物医院那一类吧,怎么会想到报我们公司?"

"我找过,都太远了,我爸妈不放心我上下班路上的安全。"

"那应聘我们这儿,只是因为离你家近?"阿涌叔叔有些哭笑不得。

女孩点点头,随即又摇摇头。

"你爸妈让你报我们这儿?"

"他们不知道,我想先应聘上了再跟他们说。"

"那你不怕他们不想让你做这一行吗?"

"他们只说让我找个离家近的,没有干涉我找什么样的工作。"顿了顿,女孩又说:"刚毕业给我介绍过几个工作,但是我做不来,后来他们就不管了,让我自己找。"

"都给你介绍什么样的工作,怎么会做不来呢?"

"文员啊、会计这种,但是我没会计证,人家不要我,我想过要不要考个证,但是挺费时间的。"

"这些工作都跟你专业没关系啊,那你当初为什么选这个专业呢?"

"当时我高考的分数不尴不尬的,好学校的热门专业上不了,能选热门专业的学校又不够格。我爸妈说,学校名气大比较重要,专业冷门一点就冷门一点,竞争小,说不定反而吃香。等后来毕业了,我想做兽医了,他们又希望我回家,找个近点的工作方便。"

"那你自己呢,想做什么?"

"我觉得他们说的也挺对的,反正我没想着赚大钱,日子安安稳稳就行了。工作都差不多啊,有些工作累死累活的也赚不了太多。我们班好多同学毕业之后也不是做本专业的工作。我们老师之前就说过，大学的专业跟就业关系不大，很多东西都要重新学的。"

"你不是爸妈说，就是老师说，你自己就没点主意和想法？你觉得他们说的就一定是正确的吗？"

"那不然我听谁的？"女孩毫不犹豫地反问。阿涌叔叔心里一沉，觉得女孩二十几年的惯性思维不是立刻就能扭转的，但仍有些心疼眼前这个迷茫到有点麻木的女孩。她正值最好的青春年华，却没有一点方向，不担心自己的未来，甚至不在意自己的人生。

"这一年多下来，你找工作四处碰壁，而你的父母没有能力为你安排更好的工作，其实你心里已经对他们的话动摇了，对不对？否则，你也不会这次自己先私下里投递简历而不先问过你父母的意见？"

听到这话，女孩沉默了。

"你还年轻，未来是掌握在自己手里的，别人的意见只能做参考，不应该是作为救命稻草一样，抓住不放。学习除了让你掌握知识和技能，更重要的是，教会你独立思考和判断的能力。老师只能教你一段时间，父母也无法庇护你一辈子，以后的人生路，只能靠你自己走。职场不是练习场，你没有想法、没有能力，人家凭什么花时间花成本让你去学？每个踏入职场的人，面对的竞争者千千万万，等待别人去指导你、帮助你，那你早就被那些主动学习、迎头向上的人'秒杀'了。永远不要觉得此刻的安逸，就是一辈子的。"

看女孩肩头动了动，似乎在消化这番话的模样，阿涌叔叔最后说道："你回去再好好想想吧，到底什么对你来说是最重要的，你心里真正想要的是什么，搞清楚了，工作也就有了。"

阿涌叔叔相信你可以的——

　　很多家长习惯于给孩子灌输自认为正确的道路，却不知在这种"为你好"的模式下培养出来的孩子往往过于安逸，逐渐在温室里丧失了自己的思考和判断能力。而过于依赖他人的指点，习惯这种思维之后，一旦踏入职场，孩子就会面临很多问题，他们甚至是没有能力和心态去承受的。不仅在工作中处处碰壁，心理上、生活上也会徒增不少压力。

　　或许有些家长有足够的能力，可以安排好孩子的一生，那也仅仅是针对物质生活，孩子的意愿呢？他们的选择呢？更可怕的是，如果只能插手孩子的前半生，那么孩子要怎么一下子从处处有人安排的生活中跳脱出来，自己解决后半生成家立业的问题呢？对孩子真正的爱，绝不是过度干涉，而是陪伴孩子，让他们学会判断和思考，有信心闯出自己的一片天。

那个默默无闻的同学，他现在怎么样了

无语在上学期间是个默默无闻的人，毕业留言册上给他的评价大多是：老实人、老好人。没有人讨厌他，但他也绝不是那种自带光环让人过目不忘的存在。

对于他来说，规规矩矩上课、完成任务直到毕业，几乎都没出过错，大学里唯一的"意外"就是到阿涌叔叔那儿实习了。奇怪的是，中途人来人走，不少人在当时没办法接受阿涌叔叔的严厉选择中途退出；也有不少人一开始抱着对教育无比热爱的信誓旦旦，最终却无疾而终；反倒是专业不对口的无语却一直坚持下来，并且乐在其中。毕业之后，无语也一直跟阿涌叔叔保持着联系。

阿涌叔叔常说无语最大的优点就是目标明确，知道自己想要什么，并且懂得坚持。这些看似普普通通的特质却在他的生活和职场中起到了巨大的作用。当初很多同学经历过求职的迷茫期，不断换工作，不被理解，不被认可。而无语一开始目标就很明确，别人都在广撒网投简历的时候，他集中了解几家单位，有目的性地去投，反倒是早早签下了合同。

无语选择的第一份工作是实验室的研究员，专业对口，也是自己一直向往的。由于清楚自己不是交际型人才，他的工作环境可以让他避免这一劣势，他便潜心做研究。

之所以能那么快决定工作，并非因为他足够好运找到了一家十全十美的公司，只不过他比一般人更清楚自己的目标，也愿意为此舍弃一些不那么重要的东西。在外人眼里，实验室的环境封闭压抑，工作地点又偏僻，周边没有商圈也没有娱乐设施。在别人选择抱怨的时候，他选择调整自己的心态，尽可能去解决问题。

把别人用来娱乐的时间，用于和同事前辈交流，买来图书充实自己，发展一些以前未曾尝试过的兴趣爱好。与其让生活折腾你，不如主动去享受生活。

工作近一年之后，他决定辞职，并非出于对公司的不满，而是他在实际过程中发现这个行业与自己的职业规划相悖。慎重思考了很久，他心里有了倾斜的天平，并找到阿涌叔叔和他聊了聊自己的想法。

"为什么不去试试呢？你以为不擅长的东西未必就不能做，不去试试怎么知道自己的能耐到底有多大呢?"阿涌叔叔给出了这样的建议。

静下心来办好离职后，他花了点时间去找新工作，这一干就直到现在。在此期间公司也流失了不少人，也有一批批新人涌进去，但是无语丝毫没有受到影响，他只是不断做好自己手上的事，一步步朝自己的规划在走。越来越有干劲，也越来越有信心。他的认真负责和出于对事业的热爱和奋斗，让他无论在领导眼中、同事之间还是客户那儿，都得到了认可，越来越受欢迎。

而这种良性的循环也让他更加坚定了好好工作的心，整个人都变得开朗，更有斗志。

曾经以为不喜欢与人交际，在他的尝试下也变得不再艰难；曾经喜欢一个人宅着，后来也能接受频繁的出差，去各种场合参加活动……哪有那么多绝对的"不可能"、"做不到"，真的去做了，一切也就水到渠成了。

无语身上还有一个优点也是阿涌叔叔一直赞赏的，那便是心怀感恩，不埋怨不急躁。说一句谢谢容易，但太少有人能真正感恩。无论你进入怎样的环境，遇到什么样的人，如果你能怀着感恩之心去对待，那么一切都可能成为机会，反之，当你陷入无尽的抱怨和不满之后，消耗的只有自己。

有多少人宁愿一边骂着自己老板苛刻、客户傻、同事无趣，一边忍受着不满做着并不喜欢的工作煎熬度日，却不愿意从自己身上找问题，不愿意去发现生活中、他人身上的闪光点。这世上哪有什么绝对的好与坏，错与对，更多时候不过是个人看问题的角度和心态不同罢了。让自己阳光一点，多用感谢去替代抱怨，也许糟糕的事情也会变得可爱。

阿涌叔叔相信你可以的——

走出校园后，职场会占据我们几乎所有人生命中大半的时光，无论是创业还是求职，不可避免会进入职场这个圈子，会遇到各种各样的问题。而解决方法并没有捷径，也没有人能够避免，所以每个人能做的不是去逃避也不是抱怨，而是踏踏实实做好自己。明确目标，坚定方向，脚踏实地，心怀感恩，不断学习，你可以的。

十年后，你还是一个职员

职场没有绝对的公平，初入职场，有人脉有家底的人往往选择更多；但职场又相对公平，因为 5 年后、10 年后、20 年后的你，会成为怎样的人，很大程度上是取决于自己。

10 年前，阿涌叔叔曾到一家公司办事，当时接待他的经理阿荣给他留下了深刻的印象，两人经由那一次也结识成朋友，一直保持着联系。如今那位经理已经创办了自己的公司，有了自己的事业。

巧合的是，前段时间阿涌叔叔恰好又来到那家公司，10 多年过去了，曾经的小门面现在扩大了好几倍，这家公司也越做越大。同样的，老总也安排了一位经理来接待阿涌叔叔，但这次的体验似乎就没那么好了。

首先是行程安排有些混乱，活动并没有完全按照此前的行程表进行，中间甚至出现了一些尴尬的停顿。虽说活动出现一些意外也是常有的事，但明显是这位经理准备工作不到位，危机公关和应变能力又不够。

在活动结束后，送别阿涌叔叔一行人的时候，经理竟对他说，因为联系了老总但是没得到及时的回复，所以没为阿涌叔叔他们准备饮用水。

"老兄，接你班的人不行啊，做事还没有你当年万分之一周全。"在和阿荣聊起这次的行程时，阿涌叔叔说道。

"怎么不行了？"电话那头已经是老总的阿荣笑呵呵地问道。

"那时候我带着一帮孩子过去，十几个人呐，你自己掏腰包给我们买水，临走的时候还给我们每人准备了一份洗干净、切好的水果。这件事直到今天都让我很感慨，当时我就觉得你以后的发展一定不会差。"

"咳，这么久的事我都不记得了，再说了，这么小的事哪里值得说啊。"

"小事不小，人与人之间的差别有时候就是体现在这些小细节上的。这些习惯和行为已经融入了你的日常和本能，你永远站在别人的角度，尽可能把细节做好，让别人舒服，所以与你交往是特别轻松愉快的事情。也许你自己都没发现，但和你接触过的人一定有这种体会，哪怕一次不觉得，多几次一定能感受到。而'让人舒服'恰好就是职场人际交往中特别重要的一点。"

"我也没想那么多，习惯这样了，但是工作的心得我还真有一点，那就是凡事都要认真负责，尽自己所能做到最好。"

"是啊，对自己高标准有要求的人会比一般人更用心，他们会想着如何做好事情，而不是被动地不甘愿地去完成任务。这次接待我的经理就是抱着完成任务的心态，老板布置什么事他就做什么，多一点点也不愿意去想和做。这类行为机械的人就是听话，但是不会举一反三。时间一长，当领导发现所有事情都需要手把手一步步去交代的时候，就会疲惫，从职业生涯的长远发展来看,他们的发展是很局限的,也很容易被替代。"

"就像机器,是吗?"

"有时候一个人能做多少事,不需要等很多年,从现在的你就可以大致看出来。这就是为什么有些人一路晋升,而有些人10年后还是现在这个位置。"

阿涌叔叔相信你可以的——

中国有句古话:"三岁看大,七岁看老。"这同样也适用于职场。你现在的行为举止,也许就是你未来5年、10年、20年的缩影。不要觉得还年轻,不要觉得还可以慢慢来,不要觉得暂时做不好也没关系。在当下细节就应该做好,保持学习上进的心也应该持久,不断减少犯错,让自己尽可能做到最好更应该一贯坚持。等时间帮你晋升,不如靠自己给自己加冕。

　　奥鹰是一名摄影工作者，同时也是一名摄影爱好者，从默默无闻的新手一路坚持着，如今虽然称不上是这个圈子的名人，但已经依靠这一爱好实现了财务自由。都说很多感情熬不过七年之痒，在从业第七年，奥鹰第一次产生了疲惫感。

　　"我最初喜欢上摄影，就是爱它的无拘无束，可以用我手中的镜头去记录这个世界，记录我自己喜欢的东西。但现在我却被商业摄影困住了，特别讽刺，维系我生活的是它，但是毁掉我梦想的也是它。"看得出奥鹰十分苦恼，也很痛苦。

　　"原来的梦想是什么呢？"阿涌叔叔询问。

　　"想记录这座生我养我的城市。"

　　"为此你做过什么呢？"

　　"我曾经有过计划，也拍摄过一部分素材，但后来没继续下去。"

　　"为什么没继续呢？"

　　"一开始我技术还不过硬的时候，到处去跑，看看这座城市里的老房子，记录街头巷尾的生活，拍农村也拍城市，是最自由的。可是摄影烧钱呐，我需要不断学习，更新设备，所以开始接一些写真、商业摄影，来钱快，但是做久了很难抽身。"

"是思想上抽不开身吧？"

"是啊，我经历了很忙碌的一个时期，那时候为了生计、为了赚钱，我真是忙得没法分身去做这件事。等到我足够成熟，有了自己的团队，不需要那么忙那么累，再想起这件事的时候，突然不知道该从哪儿下手了。"

"其实维持生计和追求梦想并不是绝对对立的，可以共存。"

"首先，的确是你的心态需要调整，你不能把自己先框死了。坚持初心、明确目标，确保自己不会轻易认输和被打败。其次就是回到现实，如何平衡生活。"

"我就是想知道这一点。"奥鹰急切地询问。

"你看我，我的事业是推行体验式教育，这几十年来一直坚持的也是这件事。这里面有很多公益性质工作的付出，而我现在也有自己的团队，所以我还会做别的工作来维持，达到收支平衡。我需要壮大体验式教育这份事业，同时也推进公司的发展，让身处其中的每一分子在获得物质富足的同时也能得到心理的满足和快乐。"

"当你明确这一点之后，自然而然会有意识去分配自己的时间和精力，如何更科学地管理团队、分配工作。也许实现这一步的路并不会那么顺利，但这是你必须要承担的，自由就是建立在你足够强大的基础之上。"

"是，我还不够强大，无论是能力还是心理上，所以才不敢闯，不敢打破现在的平衡。"

"走出舒适圈有时候比创造一个舒适圈还难，一无所有的时候你或许拥有不顾一切的勇气,而当你拥有越多,你就会患得患失。但你要知道现在的你,你现在拥有的一切,离你的目标还很远,路还很长,别止步于此。"

"你是可以做城市成长的眼睛的,用你最擅长的,从此刻起,一点一滴地去记录它,用你自己的方式,融入你的想法和感情。梦想和温饱或许不同,可能实现它需要你付出很长的时间,不是你今天交完任务就能拿到收益的,但它一定是值得你去坚持的,不要太在意回报,不要太在意别人怎么说,这是你的梦想啊,需要你自己脚踏实地去呵护。"

"做城市成长的眼睛,这个名字真是太棒了!我不应该纠结,现在就开始行动!"

阿涌叔叔相信你可以的——

我们都曾拥有美好而纯粹的梦想,却因为现实,有些人选择艰难前行,有些人选择无奈搁置,甚至有些人把梦想硬生生瓣折成幻想。其实梦想和幻想,有时候差的仅仅是行动和坚持罢了。梦想未必都能立即给你带来可观的收益,迅速带你走上人生巅峰,它更多的意义在于指引你更加努力去达成初心,让你在这一路做好自己。

现实或许有很多无奈,让我们在实现梦想这条路上无端跌倒很多次,但每抵挡过生活的磨练一次,就是在离梦想更近一步。多花点儿心思,让自己更坚定一点儿,就能找到平衡,让自己更自如。

把事情全抓在手里，就等于掌权吗

　　阿莱前阵子应朋友的邀请，陪同一位业内专家作为嘉宾出席朋友公司的活动。作为中间人，阿莱本是好心，但没想到朋友公司一个不靠谱的接待把事情弄得一团糟。

　　和阿莱联系的是小顾，除了阿莱一行人，还有其他的与会者的食宿、接送，都由他负责。参加活动者有几十个人，由于举办地离车站、火车站比较远，需要有专车接送，这一部分便是小顾在联系，活动为期三天，活动期间的后勤工作也是小顾负责统筹。

　　出发之前，小顾联系阿莱，为她和专家等人订购了机票，本是贴心之举，但一看登机时间，竟然是大清早的飞机。这就意味着专家和阿莱需要大半夜就从家里出发，要多不方便就有多不方便。问及能不能换其他时间，小顾表示其他时间的票都不合适，阿莱看了一眼价格，心里腹诽：怪不得不合适。和专家一商量，找了个借口，和小顾表达做这班飞机的不合适，自费买了其他时间的机票。

等到了举办地,干等了两小时活动才开场,就是因为有一辆运载设备的车子晚到了。小顾在那边一边跳脚,一边打电话找人帮忙。最后,专家想了个法子稳住了众人。虽然后面开始了节目,但由于前期的延迟,活动有些不尽如人意。

等到了闭幕回程那天,又因为小顾的疏忽出了问题,车辆没有安排到位,直接导致有几个人赶不上高铁和飞机。虽然最后公司出面赔偿了,但不好的印象确实无法挽回,小顾因为这事也没少被责怪。

回来之后,阿莱和阿涌叔叔提起这事,感慨道:"真是不明白,明明都可以提前安排规避的问题,为什么还会出现这么低级的失误,是不是他太计较了,反而损失更大。"

"这不单单是计较不计较的问题,他主要的问题,一是对工作不够敬畏,所以导致了不尽责、失误频出;另一点则是他想把所有事情抓在手里,却没有能力做好,也没有合理调度身边的人,一起把事情做好。"

"第二点我不是太明白。"

"他是这次活动的后勤、接待统筹对吧,你也提到现在他是有可支配的工作人员的,但是他不用,他事事都想亲力亲为。一个人精力是有限的,尤其是这种比较繁琐的活动,想什么都自己来,本来就很容易出问题,而他显然也没有足够强大的能力妥善安排一切。为什么最后出问题的都是你们觉得很小的,甚至不可思议的问题,恰恰说明他不善于合理分工,不会任用他人。"

"比如说活动结束之后要安排车辆,当天他还需要做好活动的收尾,场内事情很多,接送这件事提前安排给别人就可以,他只需要留意一下,到时间提个醒最多了。具体如那边车子是否堵车等,他都不需要多花心思去操心。这样即便有突发情况,他作为总负责也可以提前预知,做出调整,而不是一点儿余地也不留给自己。"

"工作中大的问题反而是不容易出,因为大部分人会把主要精力投入进去,而一些小事反而是繁琐的,容易出状况。所以如果项目复杂,是非常有必要细分到多人的。负责人并不是需要事必躬亲,而是能够让所有情况掌握在自己手里,起到调动、分析、组合、协调的作用。"

阿涌叔叔相信你可以的——

在职场中,掌权并不意味着把所有事情抓在手里,不让其他人沾手,而是在越复杂庞大的情况下,懂得合理分配调度人手,统筹全局。安排合适的人在合适的岗位上,对所有情况做到心里有数,才能完美控场。对于突发情况,能够起到领导指挥的作用,这样才能在保证项目顺利进行的同时,树立自己的威信,赢得别人的认可与尊重。

　　若若从大城市回到县城之后，应聘了当地一家老牌企业。这家企业从若若出生之前就有了，规模虽然称不上最大，但在本地的影响力不容小觑。

　　若若就职的部门需要负责一些宣传工作，本就是传媒专业毕业，又在大城市耳濡目染过两年，若若觉得自己无论是经验还是专业能力，都足以胜任这份工作。尤其是同事大部分都是毕业之后直接回当地工作，论起接触新鲜事物的多寡，若若还是有优势的。

　　干着干着，若若就发现单位有一些做事方法极为保守，甚至古板，但就像传统一样，大家都默认并且执行，不见有人反驳。比如有新产品发售，通知客户竟然还要靠人工打电话，连说辞都有一些严格的规定，若若觉得不可思议，有那么多可以投放广告的渠道，为什么偏偏保留使用这么"古老的方式"？

　　心想着是不是老家的人没接触过新式一点的方法，抑或是习惯了守旧，若若便主动找到经理提出尝试新的渠道，经理的回应很淡，只是让若若好好去打电话，完成她的指标。

若若心高气傲，又不满同事和领导因循守旧，想证明自己说的是对的，便用了自己的资源，按照自己认可的办法去工作。但令她大跌眼镜的是，事情居然砸了，结果自然在公开例会上，若若受到了批评。

带着委屈和不解，若若告诉了阿涌叔叔事情的原委。

"你回去，老老实实跟着公司的做法做，然后再来找我。"阿涌叔叔只说了这么句话。

没过多久，若若来了，这次脸上带着笑。

"看来工作顺利了？不发脾气了？"阿涌叔叔笑着询问。

"是啊，我照着你说的做了，没想到打这些看似无用的电话，几乎没有绕弯问题就解决了。"若若说着，有些不好意思，话锋一转问道："可这到底是为什么，我到现在都没搞清楚。"

"从我了解你公司的情况来看，这并不是一家墨守成规的公司，能一步步稳扎稳打做到今天这个成绩，一定是有过人之处的。一些政策也很新颖，至少是与时俱进的，你第一次跟我介绍你公司的时候就提过，公司虽然是做传统行业的，但模式一直在创新，那为什么它要在一件看上去很小的事情上坚持大家认为传统守旧的方法呢？你一个新人想到的问题他们真的没想过吗？"

"最大的可能就是，这个方法是经过实践下来，最合适这家企业、这个部门、这个产品的。"阿涌叔叔一番话解答了若若心中的疑惑。

"你或许优秀，有想法、有主张，能把这些品质带到你新的工作单位是好事，但是新环境需要你适应，而不是你说了算。到一个新的地方工作，应该心怀谦卑，去了解它，感受它积极良好的一面。当它和你以往的认知或经历产生冲突，不要急于否定，先接受，去实践，然后再判断。"

"如果你什么都不接受，自以为是，那么你就停下来了，很难再往前走了。我们要往前走，变得更优秀和强大，就需要更多的经历和不断的学习。无论是成功或失败，都可以成为我们的经验和能力的沉淀。"

阿涌叔叔相信你可以的——

在初入职场的时候，我们近乎白纸，工作都能为我们增添色彩，无论这色彩是斑斓的或是灰暗的，我们都因此而丰富。然而当我们再换个环境，却很容易先入为主，把自己的认知和意愿作为自己的首要判断标准，而往往会忽略这不过是来自过去的经验之谈。过去的所有经历会成长为我们的能力与武器，但不会是全部，也不应该成为全部。想要在职场不断前行，就需要不断学习来武装自己。当你融入一个新环境，记得以虚怀若谷的气度，放下自己不可一世的骄傲，先汲取这个环境中有利于你成长的养分，再找到适合自己的，能让自己发光发热的位置，抓住机会蓬勃向上。

告别全职妈妈，我该怎样重入职场

　　小乌自从生了孩子，就在家里当全职妈妈，事事亲力亲为。现在孩子大了，她突然发现需要她的地方没那么多了。跟闺蜜出去喝下午茶，别人一聊工作她就插不上话；老公工作遇到糟心事，她也不知道该如何劝慰。纠结了很久，她决定重新工作。

　　细细数来，小乌离开上一份工作已经有 10 年之久，再回老本行不现实。考察了一番，她决定做亲子装，一来她平时爱给自家孩子穿衣打扮，身边的朋友夸她衣品不错；二来也是觉得这一行利润空间大。

　　然而现实总不如想象那么可爱，由于没有经营管理店铺的经验，小乌的店没开起来，还亏了不少。尽管家里人没有责怪，但她还是有些过不去，对待下一次择业也多了一份恐慌。

　　"你目前是没有太多经济压力，然后想重拾一份事业对吗？"面对小乌的纠结，阿涌叔叔帮她分析。

　　"是的，早些年自己工作的时候还是很有干劲的，现在闲下来了反而觉得空虚。"

"那好，你有这份心，接下来就想清楚你要去做什么，是继续曾经钟爱却中途折断的事业，还是重新选择奋斗的方向。"

"我尝试过做服装，但是失败了，还亏了很多……"

"你先搞清楚，服装是不是你真心想做的，如果是，那没问题，出现问题我们去解决问题。这一次的教训会成为你下一次的经验，同样的问题你不会再犯了，对不对？"

"是。"

"做任何事不要相信有一帆风顺的捷径，你以前工作的时候肯定也是遇到过各种各样的难题，但你为什么现在对挫折这么容易心生畏惧呢？因为被保护得太久，安逸了太久，把顺利当成理所应当。如果要重新开始，先打破这种蛋壳心态。"

"第二点，你需要学习一些工作的技能，开店也好，去别的公司上班也好，你肯定需要职业技能。要么你自己找地方培训再上岗，要么从基础重新学起。把过去的自己忘掉，你现在的简历就是空白的；把家里的架子也放下，对于新单位，你就是个新人，没有谁应该顺着你让着你。"

小乌听了有点儿沉默，一时间没接话，阿涌叔叔又说道："也有一种可能，你现在想拥有的仅仅是一份工作，并不在乎工作性质和内容究竟是什么。或许你只是觉得什么都干太无聊了，没有存在感。那么你更不需要有负担了，先去试先去做啊，你需要重新去适应职场环境，不需要现在就考虑是不是要一直在某一家单位做下去，或者就固定某一个岗位。你可以尝试之后再做出最终的选择，因为你是有退路的。"

"什么叫有退路？"

"你家里没人逼着你一定要工作，也没有那么大的经济压力。相对来说，你可以多一点选择，这就是退路。而有些人，比如他安逸惯了，突然遭遇变故不得不重新去工作，那就是没有退路的，生存都有问题了，还怎么能挑三拣四呢？他必须在意薪资有多少，他不能任性地说不想干了。还有些人年纪大了，本身能让他选择的就业机会就有限。"

"你尚且没有遇到这些，那何来这么多纠结和忧愁呢？你还有很多时间和机会，不要固步自封，也不要轻易退缩。在暗处待久了，一下子见到阳光是很刺眼，那么你眨眨眼睛适应了光线，就知道阳光有多明媚和温暖了。"

阿涌叔叔相信你可以的——

赋闲多年再重返职场，难度远比初入职场大得多，少了很多客观的选择，多了很多无奈的限制，年龄、经验、能力、技术等都是绕不过去的问题。有些是出于生活压力而再选择，有些需要脱离舒适区，都不容易。

但不容易并不意味着不可以，也不是退缩的借口。调整心态，重新出发，接受可能遇到的挫折，鼓起可能被拒绝的勇气，学好必备的工作技能或者重新培训学习。以一个初学者的心态勇敢面对挑战，没有什么好丢脸的，也没有什么不可能的。重要的是你要什么，你是否坚信自己要的是什么。

后记

日新月异的时代,越来越快的工作节奏,越来越大的工作压力,职场和生活已经无法完全分割,两者的问题相交织,产生越来越多的困扰和麻烦。迷茫、困惑、挣扎,不仅仅是刚要踏入社会的毕业生,哪怕已至中年、拥有多年工作经验的职场人,也依然会陷入彷徨。

给他们做职场成长训练,和他们谈心,为他们设计体验式教育活动,让我看到了千面人生。每个人都身处不同的环境、拥有不同的烦恼,我在大量记录、整理后发现,其实很多问题的核心是相似的,那么总结出来,让更多人看到,或许在阅读书中一个个主人公的故事的时候,就可以找到自己曾遇到过的相似的困惑,也能找到相应的解决办法。

《你可以的》,希望书中这些职场中真实发生的故事,产生的困扰,尤其是有效的解决办法,让更多读者面对职场难题时相信你也可以的。

"你可以的",不仅是一句鼓励,是平常日子里最普通的一句话,更是有力量的。每个人都可以从中获取力量。无论身处职场或者生活,遇到困难时,对自己说一句"你可以的",相信自己可以渡过难关;被人误解时,对自己说一句"你可以的",相信问心无愧,光明自来;遇到不公时,对自己说一句"你可以的",相信阳光总在风雨后。在职场中,记得跟自己、跟别人,多说一句"你可以的!"这是最简单也最有力量的语言!

职场是所有人避无可避的人生历险,我们生活中大半的时间都需要与同事、上司、下属、客户打交道。我们能做的就是不断前行,这一路不断修炼提升自己,把荆棘丛生地带变成让自己强大的训练场,把路障碎石变成让自己攀登的踏脚石,把迷雾重重变成坚定自己方向的启幕帘……不畏恐惧,无惧挫折,大胆向前,你可以的!

我常说,"把工作变成事业是幸运,把事业变成生活是幸福"。希望每一个奋斗者、追梦人,都可以从容享受职场,找到自己的"被需要",进而被认可、被尊重、被信任。同时,也能把相信、鼓励和赞美传递给更多的职场人,共同营造积极向上的职场氛围。

为了让这本书更有趣,更容易被接纳,我还和音乐人朱峰先生共同创作了同名歌曲《你可以的》。我们把这首歌作为一份礼物,送给每一位和《你可以的》相遇的朋友,致敬所有为梦想打拼的职场人。不要拒绝我的善意和信任,让我对你说:"你可以的!"不要吝啬你的鼓励和赞美,请你对我说"你可以的!"

朱涌

你可以的
——献给所有为梦想打拼的人

扫码观看
《你可以的》MV

1=D 4/4 ♩=90
积极、充满活力

作词：阿涌叔叔
作曲：朱峰

‖: 0 5 5 5555 5 0431 | 2 2 2 32 2 — | 0 1 1 1 1 21 | 7 7 7 1 7 7 — |
在钢筋水泥 铸就的森林里奔跑，　四处环绕着 忙碌的喧嚣，

0 6 6 11 1 6 0665 | 5 5 5 43 3 — | 0 2 2 2 2 2 2 21 | 1 2 2 — |
在疾风劲草 锤炼的时代里前行，　迷茫中吹响坚定的号角，

0 5 5 5555 5 0431 | 2222 2 32 2 — | 0 1 1 11 11 0121 | 7777 7 17 7 — |
做没有做过 的事情我们知道了成长，　做不愿意做 的事情我们实现了改变，

0 6 6 11 1 6 6 5 | 5555 5 43 3· | 03 44 444 44 4 0223 | 4 4 4 443 4 4 |
做不敢做 的事情我们获得了突破，　是 成长是改变是突破，让我们 找到 生活的意义，

0 66 6 1 7 — | 3 3 12 2 — | 7 7 51 1 — | 6 6 6 56 6 — |
追求的目标，　你 可以的，　你 可以的，　让我 对你说，

2 2 32 2 — | 3 3 12 2 — | 7 2 1 1 — | 6 6 6 56 6 1 2 |
你 可以的，　你 可以的，　你 可以的，　让我 对你说，

2 — — — | 2 0 2 1 7 — | 间奏略 :‖
你可以的!

转C调
1· 1 1 11 1 7777 7 17 7 — | 6· 1 1 111 1 2222 2 1 2 |
过去，只是我们曾经走过的风景，　未来，才是我们将要到达的远方

转D调
2 — — — | 3 3 12 2 — | 7 7 51 1 — |
你 可以的，　你 可以的，

6 6 6 56 6 — | 2 2 32 2 — | 7 7 12 2 — | 7 2 1 1 — |
让我 对你说，　你 可以的，　你 可以的，　你 可以的，

6 6 6 56 6 1 2 | 2 — — — | 2 0 2 1 7 | 1 — — — ‖
请你 对我说，　你 可以的!